室内照明设计教程

Interior Lighting Design

王梓羲 王 红 蔡大千 编著

中国电力出版社

CHINA ELECTRIC POWER PRESS

内 容 提 要

　　本书共六章，第一章为室内照明设计基础知识的介绍；第二章分析灯光设计的配色原则；在第三章中，灯具是重点讲解内容，同时还提到了一些灯具的选择方法；第四章分享了室内照明设计的必学法则；第五章和第六章皆为综合性的室内灯光设计讲解，其中住宅空间又划分为玄关、过道、楼梯、客厅、卧室、儿童房、书房、餐厅、厨房、卫浴间等多个区域，工装空间分为商业店铺、餐饮空间、办公空间等业态，从灯具的选择、灯光的布局、氛围的营造等不同方面介绍了各区域的灯光设计要点。

图书在版编目（CIP）数据

室内照明设计教程 / 王梓羲，王红，蔡大千编著 . — 北京：中国电力出版社，2023.11
ISBN 978-7-5198-8144-3

Ⅰ . ①室…　Ⅱ . ①王…　②王…　③蔡…　Ⅲ . ①室内照明 – 照明设计 – 教材　Ⅳ . ① TU113.6

中国国家版本馆 CIP 数据核字（2023）第 185081 号

出版发行：中国电力出版社
地　　　址：北京市东城区北京站西街 19 号（邮政编码 100005）
网　　　址：http ://www.cepp.sgcc.com.cn
责任编辑：曹　巍（010–63412609）
责任校对：黄　蓓　常燕昆
装帧设计：王英磊
责任印制：杨晓东

印　　　刷：三河市航远印刷有限公司
版　　　次：2023 年 11 月第一版
印　　　次：2023 年 11 月北京第一次印刷
开　　　本：787 毫米 ×1092 毫米　16 开本
印　　　张：16.5
字　　　数：335 千字
定　　　价：138.00 元

前言

Foreword

在室内设计中，灯光的运用与灯具的选择是不容忽视的重要组成部分，不同的灯光设计给人带来完全不同的视觉感受。但在实际的工程设计中，人们往往并不重视灯光设计。对于一个优秀的室内设计师来说，灯光不仅是其塑造空间的重要手段，也是其赋予空间灵魂的关键所在。

现代室内灯光设计中，可以通过调整灯光秩序、节奏等方法来增强空间的引导性。同时通过运用灯光的扬抑、虚实、动静、隐现等手段来改善室内空间的比例，增加空间的层次感，提升空间品质。因此，合理运用灯光设计，打造出舒适、温馨的空间环境，早已成为现代室内设计必不可少的一部分。

本书是一本将理论知识与实践案例完美结合的实用性灯光设计工具书。为了让读者能够高效阅读本书，书中对灯光设计相关的理论性知识进行了详细分析，对住宅和工装空间中灯光安装的不同区域进行了划分，并分别介绍了不同空间的照明方案。同时在某些章节中穿插了作为重点提示的小贴士，帮助读者更加全面地认识灯光设计这一特殊的艺术门类。

本书共六章，第一章为室内照明设计基础知识的介绍；第二章分析灯光设计的配色原则；在第三章中，灯具是重点讲解内容，同时还提到了一些灯具的选择方法；第四章分享了室内照明设计的必学法则；第五章和第六章皆为综合性的室内灯光设计讲解，其中住宅空间又划分为玄关、过道、楼梯、客厅、卧室、儿童房、书房、餐厅、厨房、卫浴间等多个区域，工装空间分为商业店铺、餐饮空间、办公空间等业态，从灯具的选择、灯光的布局、氛围的营造等不同方面介绍了各区域的灯光设计要点。

为了让广大室内设计师深入而详尽地认识灯光设计，编者以简单易懂的文字介绍有关灯光设计的理论知识，并搭配大量的经典案例解析，供读者在实践中总结经验。本书内容通俗易懂，实用性强，可作为高等院校室内设计、环境艺术设计等专业的教材，也可供从事相关工作的设计师参考借鉴。

目录
Contents

第三章

灯具在整体照明设计中的应用   53

第四章

室内照明设计的必学法则   147

第五章

住宅空间照明设计重点　193

室
内
照
明
设
计
教
程

DESIGN

室内照明设计基础知识

第一章

了解光的使用

一、人类照明发展简史

人类的照明是从学会钻木取火开始的，经历了从火、油到电的发展历程。人类掌握保存火种和人工取火的技术，为灯具的发明与使用奠定了技术基础。随着时代的发展，照明工具由最初的火把、动物油灯、植物油灯、蜡烛、煤油灯发展到白炽灯、日光灯，直到现在种类繁多的装饰灯、节能灯等。

人类学会用火后，把动物的脂肪或者蜡一类的东西涂在树皮或木片上，捆扎在一起，做成了照明用的火把，这就是蜡烛的起源。公元前3世纪左右，有人用蜂蜡做成了蜡烛。到了18世纪，世界上出现了用石蜡制作的蜡烛并且开始用机器大量生产。历史上，蜡烛的普及经历了很长的时间，我国汉朝时南越向汉高帝进贡的贡品中就有蜡烛。到了南北朝时期，蜡烛虽然已被推广普及，但仍只在上层社会流通，一直到明清以后，蜡烛才走入寻常百姓家。

△ 从安全的角度考虑，可以将蜡烛放置在玻璃容器中

蜡烛是古代人的主要照明工具，现代市面上有不同颜色、造型甚至带有芳香气味的各种蜡烛，在特殊场合取代灯光，成了营造浪漫气氛的工具。很多人喜欢在卧室、餐厅点上蜡烛，欣赏光影摇曳的美感。但出于安全考虑，最好使用烛台或将蜡烛放置于玻璃瓶、灯具中。一盏造型别致的灯具，可以营造出不同的生活氛围。

△ 蜡烛可以给空间带来光影摇曳的美感，营造浪漫的氛围

△ 吊灯最初的形式 1

△ 吊灯最初的形式 2

△ 壁灯最初的形式

人类使用油灯照明的历史很长。位于福建闽侯县甘蔗镇昙石村西北侧的"昙石山文化遗址"出土了距今 4500~5500 年依旧保存完好的陶瓷做的油灯，它有多个防风孔，比国外的同类灯早了 1000 多年，这是我国最早的油灯，也是世界上最早的油灯。在历史的进程中，油灯用油从动物油发展到植物油，最后又被煤油取代。灯芯也经历了草、棉线、多股棉线的变化。为了防止风把火吹灭，人们给油灯加上了罩。早期灯罩是用纸糊的，很不安全，后来人们改用玻璃罩。这样的油灯不怕风吹，即使在户外也照样使用，而且燃烧充分，不冒黑烟。

100 多年前，英国人发明了煤气灯，使人类的照明方法向前迈进了一大步。最初，这种灯也很不安全，在室内使用容易发生危险，因此只当作路灯用。经过改进后，它才走进千家万户。

欧洲城堡议事大厅上方的巨大蜡烛吊灯和过道墙上的火把以及书桌上的烛台应该是现代照明灯具的祖先，19 世纪末，爱迪生发明了电灯，从此改写了人类照明的历史，人类世界走向了用电照明的时代。吊灯上的蜡烛、墙上的火把和烛台也被灯泡替换，诞生了吊灯、壁灯和台灯这三种最初的灯具形式，后来又衍生出落地灯。

△ 昙石山遗址博物馆藏的"塔式壶"
　　是目前发现最早的油灯

无论火炬、蜡烛、油灯还是煤气灯，这些用火的照明光源的颜色都略偏红色，亮度也不强。到了近代，人类发明了灯泡，虽然灯泡的效率比火要高一些，但是灯光依然发红，在发热量上也依然存在问题。之后，荧光灯的发明避免了高热的问题，同时其光源颜色接近白色。至此，室内采光得到了飞跃性的发展。

二、自然光与人造光的区别

自然光指的是自然界中产生的、最普遍的光。如太阳光和月光，及其与天空和地面发生反射、折射等产生的光线。火光虽然在自然界中也会出现，但是偶然性太大，而绝大部分的火光是人为产生的，所以一般将其归入人造光。由于人类的进化过程是在自然光的环境下进行的，所以室内照明设计以利用自然光为最高境界。自然光受时间、季节、气候、地理条件和环境变化的影响大，一天中不同的时间段和天气情况下，自然光的变化差异是相当大的，而且比人造光更难控制。例如太阳光的颜色和强度会不断发生变化，一般将日光分成三个类别：太阳升起时段的晨光；中午时分的日光；太阳下山时分的夕阳光，每个时段的色温各不相同。

◆ 自然光的色温参考值

不同情况的自然光	色温参考值（K）
日出、日落时的太阳光	1900
日出后、日落前 30 分钟的太阳光	2300
日出后、日落前 1 小时的太阳光	4000
日出后、日落前 2 小时的太阳光	4500
中午晴空平均日光	5400
早上 10 点到下午 3 点的太阳光	6000
正午晴空的太阳光	6500
阴天的光线	6800~7000
灰蒙天空的光线	7500~8400
晴空蓝天的光线	10000~20000

◆ 自然光的照度参考值

不同情况的自然光（我国中东部地区）	照度参考值（Lx）
室外：夏日晴天中午直射的阳光	100000~120000
室外：春秋晴天中午直射的阳光	50000~80000
室外：阴天的自然光（9:00-15:00）	2000~18000
室内窗口：朝南窗口的入射阳光（晴天，7:00-11:00）	20000~50000
室内窗口：朝南窗口的自然光（多云，9:00-15:00）	500~50000
室内窗口：朝北窗口的自然光（晴天，9:00-15:00）	7000~10000
室内窗口：阴天的自然光（9:00-15:00）	200~1800
室内窗口：雨天的自然光（9:00-15:00）	150~400
室内窗口：傍晚的自然光（晴天，16:00-19:00）	70~500
室内窗口：傍晚的自然光（阴雨天，16:00-19:00）	20~200

△ 人造光是现代室内设计中不可缺少的存在

人造光一般指人在生产生活过程中发展出的光，比如火光、烛光、白炽灯光、荧光灯光等。随着科学技术的不断进步，人造光也越来越先进，由传统的火把、蜡烛，到现在的白炽灯、日光灯及高压氙灯等。社会的不断进步，也带动着一系列人造光源的发展及更新。

人造光的照明强度、方向、高度、光线色温等都可以由人工进行调控。在自然光无法满足人们的生活生产需要时，通常都需要人造光的补充。对于人造光最高的要求就是能够最大限度地模拟特定时间的自然光。

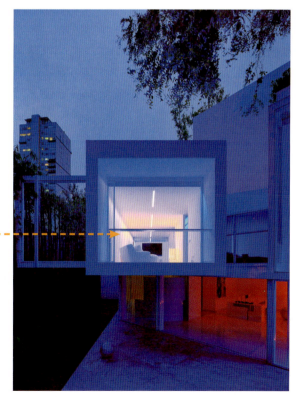

△ 人造光可以由人工进行调控，从而对空间氛围产生影响

三、装饰材料的光学性质

光由光波构成,其传播原理与声波相同。当光线照射在物体表面上时,如果不考虑吸收、散射等形式的光损耗,会产生透射和反射的现象。材料对光波产生的这些效应即为材料的光学性质。

装饰材料的明度越高,越容易反射光线;明度越低,则越会吸收光线,因此在同样照度的光源下,不同材料装饰的空间亮度是有较大差异的。如果房间的墙、顶面采用的是较深的颜色,那么要选择照度相对较高的光源才能保证空间达到明亮的程度。对于壁灯和射灯而言,如果所照射的墙面或顶面是明度中等的颜色,则反射的光线比照射在高明度的白墙上要柔和得多。

△ 深色装饰材料的反射率低,使用照度较高的光源才能保证空间达到明亮的程度

△ 浅色装饰材料的反射率高,所以背光部分的家具与墙面装饰宜采用高明度的颜色

通常情况下，可从材料对光的反射系数与透射系数两个方面来概括材料的光学性。其中反射系数即反射光通量与入射光通量的比值，透射系数即透射光通量与入射光通量的比值，而具有透射系数的物质通常呈半透明或透明状态。在装饰设计中，应结合室内空间的面层材料与采光材料等多种因素来进行光源的选择与布置。

◆ 常见材料的反射系数

材料	反射系数
石膏	0.91
大白粉刷	0.75
中黄色调和漆	0.57
红砖	0.33
灰砖	0.23
胶合板	0.58
白色大理石	0.60
红色大理石	0.32
白色瓷釉面砖	0.08
黑色瓷釉面砖	0.08
普通玻璃	0.08
白色马赛克地砖	0.59

◆ 常见材料的透射系数

材料	颜色	厚度（mm）	透射系数
普通玻璃	无	3~6	0.78~0.82
钢化玻璃	无	5~6	0.78
磨砂玻璃	无	3~6	0.55~0.60
压花玻璃	无	3	0.57
夹丝玻璃	无	6	0.76
压花夹丝玻璃	无	6	0.66
夹层安全玻璃	无	3+3	0.78
吸热玻璃	蓝	3~5	0.52~0.64
乳白玻璃	乳白	3	0.60
有机玻璃	无	2~6	0.85
茶色玻璃	无	3~6	0.08~0.50
中空玻璃	无	3+3	0.81

很多追求个性的业主会在室内装饰时选择大量黑色材料，但是黑色会吸收光。既然不会反射光，光自然不会进入眼中。这让眼睛所承受的能量降低，体内所得到的能量也相应减弱，时间久了甚至会严重危害人体健康。

◆ 分光反射率曲线

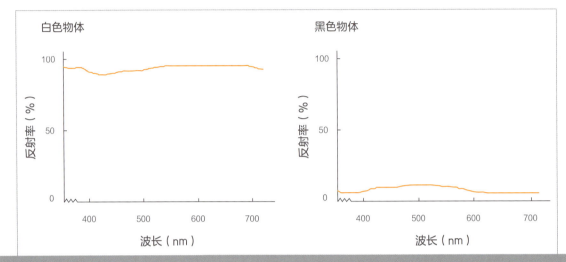

上图是物体所反射的各个波长的光线。白色物体会以极高的比率来反射所有的波长，相较之下，黑色物体的反射率不论在哪个波长之中都非常低。这说明黑色几乎能将所有波长的光线都吸收进来，使光无法反射回去。

此外，在室内灯光的运用上，也要考虑到墙面、地面、顶面表面材质和软装配饰表面材质对于光线的反射，这里应当同时包括镜面反射与漫反射，浅色地砖、玻璃隔断门、玻璃台面和其他亮光平面可以近似认为是镜面反射材质，而墙纸、乳胶漆墙面、沙发皮质或布艺表面以及其他绝大多数室内材质表面都可以近似认为是漫反射材质。

△ 漫反射材质

△ 镜面反射材质

四、光的心理学知识

光通过对人类大脑皮层的作用，直接影响人的心理活动、情绪等。如紫外线、光色、色温以及光的闪烁等均会对人的心理产生作用，从而对人们的身心健康产生影响。

光对人的心理影响在日常生活中有所表现，比如去电影院看电影，如果电影开演后才进场，从明亮的日光中突然进入微光的影院时，最初瞬间什么也看不见，眼前漆黑一片，要过一会儿才能慢慢看清周围环境，找到自己的座位。这种情况就叫眼敏感度增高的适应过程，称为暗适应。相反，长时间停留在暗处后，当光线再射入眼睛时，就发生与之相反的现象，即明适应。在最初的瞬间，即便比较弱的光也会觉得异常明亮而刺眼，适应一段时间以后，才恢复视觉能力。所以在进行室内设计时切忌过于强烈的明暗对比，要通过均匀的光照来避免人眼睛的反复适应。

在一个房间中，随着位置的变换，明亮程度也会有所改变，这时人会无意识地集中到较暗的地方。这是因为从暗处看亮处让人感到更加安心，这类由光亮产生的心理效应一般可以应用在咖啡厅等场所的照明。

如下图所示，通过五个不同亮度的房间，移动到黑暗房间时会让人感到不安，而移动到明亮房间时会带给人希望。B跟D虽然是同样的亮度，但是感觉上D会明亮一些。

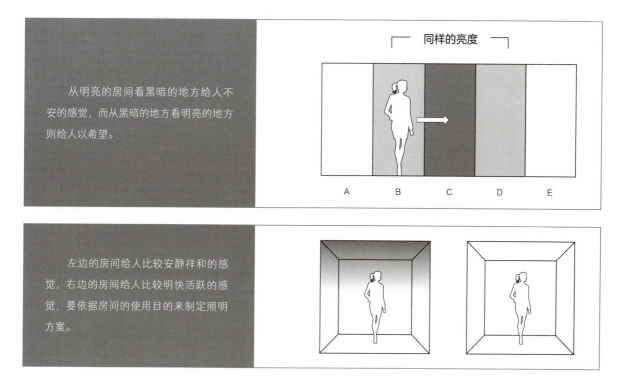

从明亮的房间看黑暗的地方给人不安的感觉，而从黑暗的地方看明亮的地方则给人以希望。

左边的房间给人比较安静祥和的感觉，右边的房间给人比较明快活跃的感觉，要依据房间的使用目的来制定照明方案。

五、光对人眼适应度的影响

人眼往往会被强烈的光源对比所吸引。利用这个特点，只要设置合适的照明度、对比度，就可以把人的视线吸引到需要被关注的方向或场所。

根据周围的主要光源，眼睛对颜色适应度会发生变化，称为色顺应。如果眼睛适应了白炽灯，就会对偏红的黄光产生钝感，即使看到偏红的黄光也会感觉是白光。而看到白色荧光灯时，眼睛看到的颜色就会感觉偏蓝。相反，如果适应了荧光灯的话，再看白炽灯就会觉得黄光更加偏红。

△ 卧室属于私密空间，需要营造温馨舒适的入睡氛围，利用多处光源将房间全部照亮是不错的选择

△ 在光线照射的区域，材质表面色彩的明亮度会大幅增加，导致被照射的表面在空间上有明显扩展的感觉

六、照射面对房间氛围的影响

照明的光线是投向于顶面还是墙面，或者是集中往下照射地面，这些不同的设置都会影响到房间的氛围。光线照射的地方，材质表面色彩的明亮度会大幅增加，正是基于这个原因，被照射的表面在空间上会有明显扩展的错觉。

将房间全部照亮，能营造出温馨的氛围；如果主要照射墙面和地面，则给人沉稳踏实的感觉。对于层高较低而面积又较小的房间，可以在顶面和墙面打光，这样空间会有增高和变宽的感觉。

在一个房间中安装多盏灯，配合不同场景进行调节选择，能够营造出不同的效果。在这种情况下，使用能够调节角度的壁灯与落地灯更加便捷省力。

均匀照亮整个房间，给人以柔和感

地面、墙面和顶面没有明显的明暗对比，以几乎均匀的光线笼罩整个房间，会给人柔和的印象。

照亮地面会营造出非日常的气氛

利用筒灯或吸顶灯强调地面，营造出富有戏剧性的非日常氛围。可用于打造令人印象深刻的玄关等场所。

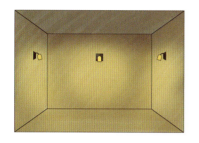

照亮地面和墙面，带来柔和的气息

顶面暗，而地面与墙面亮，能够营造出一种柔和的气氛。适合装饰古典且有厚重感的房间。

照亮顶面，房间在视觉上纵向延伸

照亮顶面强调上方的空间，从视觉上显得顶面更高。在更加有开放感、更加宽敞的房间内更能凸显这种效果。

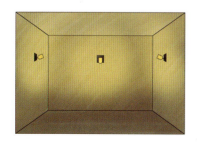

照亮顶面与墙面，打造宽敞的视觉效果

照亮顶面与墙面，在视觉上会显得顶面更高、墙面更宽。适用于想要营造开放而有安全感的房间。

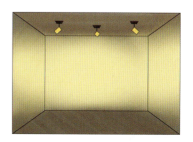

照亮墙面，房间在视觉上横向延伸

利用射灯照亮墙面，营造出横向的宽敞感。如果将光线打在艺术作品上，则给人以美术馆式的效果。

光的物理属性

第二节

一、色温

色温是指光波在不同能量下，人眼所能感受的颜色变化，用来表示光源光色的尺寸，单位是开尔文（K）。空间中不同色温的光线，最直接地决定照明带给人的感受。

在生活中，当一个物体燃烧起来的时候，开始火焰是红色，随着温度升高变成黄色，然后变成白色，最后出现蓝色。同样，在炼铁厂炼铁工人一看钢水的颜色，就知道钢水大约是多少度。这是因为钢水的一种颜色代表了一定的温度。随着钢水温度的提高，钢水也会由暗红、红变为黄，再逐渐变为白色。

日常生活常见的自然光源中，泛红的朝阳和夕阳的色温较低，中午偏黄的白色太阳光的色温较高。一般色温低时会带点橘色，给人以温暖的感觉时；色温高的光线通常带点白色或蓝色，给人以清爽、明亮的感觉。从专业角度来说，色温较高的光，应表述为较冷的光；色温较低的光，应表述为较暖的光。

△ 相对于餐厅，在书房中阅读比就餐的照度要求更高

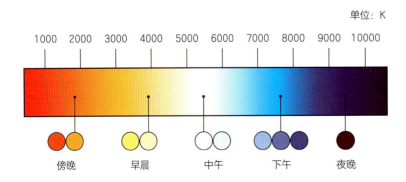

 **二、照度**

照度是指被照物体在单位面积上所接收的光通量，单位是勒克斯（lx），某个空间够不够亮，其实就是指照度够不够。一般而言，若要求作业环境明亮清晰的话，照度的要求也越高。

在室内照明设计中，通常结合光照区域的用途来决定该区域的照度，再根据照度来选择合适的灯具。例如，书房整体空间的一般照明亮度约为100lx，但阅读时的局部照明则需要照度至少到600lx，因此可选用台灯作为局部照明的灯具。

◆ **常见场景的照度**

常见场景	照度（lx）
夏日阳光下	3000000
阴天室外	3000~10000
日出日落	300
月圆夜	0.031~0.31
室外窗台（无阳光直射）	2000
黄昏室内	10
烛光（20cm 远处）	10~15

◆ **室内空间推荐照度范围**（数值为工作面上的平均照度）

光照区域及相关用途区分	照度范围（lx）
室外入口区域	20~50
过道等短时间停留区域	50~100
衣帽间、门厅等非连续工作用的区域	100~200
客厅、餐厅等视觉简单要求的空间	200~500
有中等视觉要求的区域，如书房、厨房	300~750
有一定视觉要求的作业区域，如绘图区	500~1000

◆ 三、显色性

光的显色性是指同一物体在不同光源的照射下所呈现出颜色的差异性。通常用显色指数（Ra）来表示显色性。显色指数最小为 1，最大为 100，显色指数越高的光源，照射物体所呈现的颜色与物体原色的差别越小。一般而言，Ra80 以上就属显色性佳的光源，而美术馆或画廊等特殊区域，则至少须达到 Ra90。

在生活中，一个摆在水果店里的苹果显得美味可口，但是买回家再看就不是那么好了；在不同的室内灯光下观察人的皮肤颜色会与真实颜色有差异，肉和面包在不同的灯光下感觉新鲜度和美味感也不一样。此外，不一样的光，例如阳光、日光灯、钨丝灯等，每种照明都使同一个物体看起来不一样，而这些例子就跟光源的显色性密切有关。

从各种光源的照明效果来看，太阳光对各种物象本身的色彩还原度最高，因此一般认定太阳光为显色性最佳的光源。而在人造光中，白炽灯的显色功能最佳，显色指数约为 97，其次便是日光色荧光灯，其显色指数大约在 80~94 之间。

方磊设计

△ 显色性指数越高的光源，照射物体所呈现的颜色与物体在自然光线下的颜色差别越小

Ra 72　　Ra 82

△ 显色性指数

◆ 主要光源的平均显色性指数（Ra）

主要光源	显色性指数（Ra）
卤钨灯	95~99
白炽灯	97
日光色荧光灯	80~94
暖白色荧光灯	80~90
白色荧光灯	75~85
高压汞灯	22~51
高压钠灯	20~30
金属卤化物灯	60~65

四、光通量

根据辐射对标准光度观察者的作用导出的光度量，单位为流明（lm）。简单来说，光通量即光的多少，也可以按字面意思理解，即光通过的量。比如，一款灯的包装说明上标识的流明为 330lm，则表示此灯每秒放出 330 单位的光。光源的光通量越多，表示它发出的光越多。光源不同，光通量也不同。同种光源，如果功率不同，光通量也不同。相同的空间，100W 功率普通白炽灯泡和 60W 功率相比，100W 的光通量（1520lm）为 60W（810lm）的近 2 倍。

△ 左边为 40W 的白炽灯，流明值约为 485lm，右侧为 40W 汞灯，流明值却达到了 1400lm

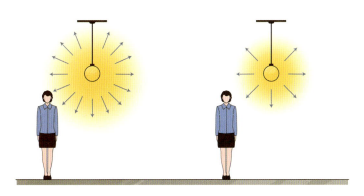

△ 光通量指人眼所能感觉到的辐射功率

与力学单位比较而言，光通量相当于压力，而发光强度相当于压强。要想被照射点看起来更亮，不仅要提高光通量，还要增大汇聚的手段，实际上就是减少面积，这样才能得到更大的强度。

◆ **在实际设计中，可以在厂家提供的产品样本中查看光通量参数**

常见光源	光通量（lm）
1 根蜡烛	15
40W 白炽灯	400
5WLED 灯	500
50W 卤钨灯	900
18W 节能灯	1100
28W T5 荧光灯管	2600

五、发光强度

发光强度也可简称光强，发光体在给定方向上的发光强度是该发光体在该方向的立体角元内传输的光通量除以该立体角元之商，即单位立体角的光通量。

发光强度是点光源的固有属性，表征发光体在空间发射的汇聚能力。可以说，发光强度描述了光源到底有多亮。发光强度越大，光源看起来就越亮，同时在相同条件下被该光源照射后的物体也就越亮。发光强度的单位为坎德拉（cd）。

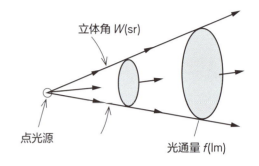

 # 六、发光效率

发光效率是指光源每消耗 1 瓦（W）电所输出的光通量，以光通量与消耗功率的比值来表示，其单位为 lm/W。发光效率越高，代表其电能转换成光的效率越高，即发出相同光通量所消耗的电能越少，所以选用真正节能的灯泡，应该以发光效率数值来做最后的判断标准。

不论居家空间或者商业空间，想要兼顾亮度与节能的话，在购买灯具时除了流明数值，还要考虑发光效率。选择具有良好发光效率的灯具，对于节能省电有一定帮助。

 # 七、亮度

亮度是指当人看一个发光体或被照射物体表面的发光或反射光强度时，实际感受到的明亮度，单位是尼特（nt），也可用坎德拉/平方米（cd/m²）表示。这个物理量主要用来描述在一个立体角内有多少光射出或者被反射，它也可以表示人的眼睛在看一个反射面能接收的光的通量。亮度不仅取决于光源的光通量，更取决于等价发光面积和发射的汇聚程度。

△ 选择具有良好发光效率的灯具能起到节能省电的效果

八、眩光

炫光就是让人感觉不舒服的照明，它其实是由一种光的物理属性所引发的视觉感应，而这种视觉感应会让观者的双眼感到极度不适，加速人的视觉疲劳。究其根源，眩光的产生是由于光源的亮度、位置、数量、环境等多方面原因共同作用的结果。眩光的种类有以下三种。

△ 顶面的灯带只见光不见灯，营造环境氛围光，优点是最大限度避免了灯具的眩光

直接眩光	反射眩光	背景眩光
人眼直接接触高亮度的光源后所产生的刺目感受	指光源直接照射到光滑平整的表面后，反射进入人眼所引起的刺激性眩光	指来自背景环境的光源进入眼中过多，影响到正常视物能力的眩光

在进行室内照明设计时，预防眩光十分重要。具体可以通过以下几个方面来改善房间中眩光的情况。

◎ 隐藏过度集中的光源，利用灯具的反射将光源导出。

◎ 提高光源的安装高度，可以起到增大遮光角，减少甚至避免眩光的作用。

◎ 利用柔光玻璃或高透光亚克力材质的灯罩材质，将过度集中的光源弱化并分散释出。

◎ 在能直接接收到直接眩光的环境中设置磨砂玻璃、百叶窗帘等进行遮挡。

◎ 灯光投射方向尽量垂直于人眼一般水平的视物方向。

◎ 在设置有高亮度光源的环境中，尽量减少容易发光的材质。

电光源的种类

第三节

 一、光源特征

进行照明设计时，理解光源的种类和特征是不可缺少的前提条件。光源大致可分为两种：通过热能发光的类型和通过电子的运动来发光的类型。如果再进一步细分的话，光源可分为多达十几种类型，其中与室内照明设计有关的是白炽灯、荧光灯和 LED 灯等。这三种光源分别有着各自的特征：荧光灯和 LED 灯的使用寿命较长；白炽灯显色性最佳；需要频繁开关的场所不适合使用日光灯。了解这些特征，可以在照明设计时找出最为合适的照明器具。

布雷盟设计

△ 选择光源之前要了解光源的类型和特征

主要光源	LED 灯	白炽灯	荧光灯
光源颜色	·灯泡颜色为白色偏红 ·冷光色：色调纯白、鲜明 ·自然光色：色调微微泛青	色调偏红，柔和温暖	·灯泡颜色为白色偏红 ·冷光色：色调纯白、鲜明 ·自然光色：色调微微泛青
质感、定向性	·能够产生阴影，使物体更有立体感 ·光线具有定向性，能够聚集光线，照亮特定物体	·能够产生阴影，使物体更有立体感 ·光线更有定向性，能够聚集光线，照亮特定物体	·较难产生阴影，光线平缓 ·光线定向性不强
发热量	少（与白炽灯相比）	—	少（与白炽灯相比）
开灯方式、调光	·按下开关即刻亮起 ·能够适应频繁开关灯 ·可以调节光线强度	·按下开关即刻亮起 ·即使频繁开关，也不会影响灯泡寿命 ·配合调光器使用，可在亮度 1%~100% 的范围内进行调节	·按下开关后片刻后才会亮起 ·频繁开关灯会影响灯泡寿命 ·不可调节亮度
所耗电费	少（与白炽灯相比）	—	少（与白炽灯相比）
使用寿命	长（约 4 万小时）	短（1000~3000 小时）	长（6000~2 万小时）
价格	高（与白炽灯相比）	—	高（与白炽灯相比）
适用场合	长时间开灯的房间、高处等不便更换灯泡的地方	需要对所照亮的物体进行美化的地方、需要白炽灯所产生的热度的地方	长时间开灯的房间

二、白炽灯

1879 年美国发明家托马斯·阿尔瓦·爱迪生发明了白炽灯，它是将灯丝通电加热到白炽状态，利用热辐射发出可见光的电光源，时至今日，白炽灯俨然成为世界上产量最大、应用最广泛的一种电光源。白炽灯的色光最接近太阳光色，通用性强，具有定向、散射、漫射等多种发光形式，并且能加强物体的立体感。

从发光原理来看，白炽灯在发光过程中需消耗一定电能才能转化成热能，而其中仅有一小部分会转化成有用的光能，所以耗电量偏高，使用寿命平均大约为 2000 小时，与其他光源相比寿命偏短，因此过去虽然因价格偏低、更换维护容易而使用普遍，但现今已少有人使用，因为就节能省电及对环境的影响来看，白炽灯表现不佳。

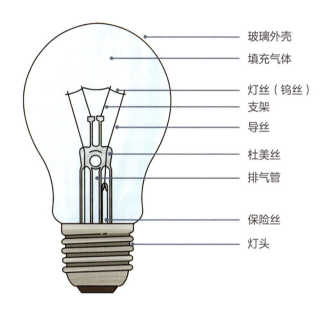

玻璃外壳
填充气体
灯丝（钨丝）
支架
导丝
杜美丝
排气管
保险丝
灯头

◆ **常见白炽灯的参数**

功率（W）	发光效率(lm/W)	色温（K）	显色指数（Ra）	平均寿命（h）
10~1500	7.3~25	2400~2900	95~100	1000~2000

◆ **白炽灯的优缺点**

优点	缺点
价格便宜	光效低
通用性强	使用寿命短
色彩品种多	不耐震
显色性好	灯丝易燃
使用与维修方便	电能消耗大

△ 白炽灯

三、荧光灯

荧光灯可分为传统型荧光灯和无极荧光灯两大类，具有耗电量少、光感柔和、大面积泛光功能性强、使用寿命长等特点。

传统型荧光灯即低压汞灯，也就是平时常见的日光灯，属于低气压弧光放电光源。传统型荧光灯又可分为标准型和紧凑型两种类型，其中标准型荧光灯也称直管形荧光灯，常见的灯管有三基色荧光灯管、冷白日光色荧光灯管和暖白日光色荧光灯管三种；紧凑型荧光灯由灯头、电子镇流器和灯管组成，其主要部件集中在相对狭小而紧凑的区域，所以其外形比传统型荧光灯更加小巧。由于这种灯泡内部的荧光粉通常采用稀土三基色荧光粉，反光效率远高于白炽灯，所以又被称为节能型荧光灯。

◆ 常见标准型荧光灯的参数

功率（W）	发光效率(lm/W)	色温（K）	显色指数（Ra）	平均寿命（h）
4~200	60~100	2800~6500	70~95	10000~20000

◆ 常见紧凑型荧光灯的参数

功率（W）	发光效率(lm/W)	色温（K）	显色指数（Ra）	平均寿命（h）
5~55	44~87	2800~6500	80~90	5000~10000

无极荧光灯又称为无极灯或高频等离子体放电无极灯，由灯泡、高频发生器、耦合器三部分组成，去除了传统荧光灯中的灯丝与电极，平均使用寿命可达 60000 小时以上，并且该种光源的启动温度低，即使在25℃以下也可正常启动与工作。

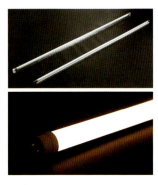

△ 白炽灯

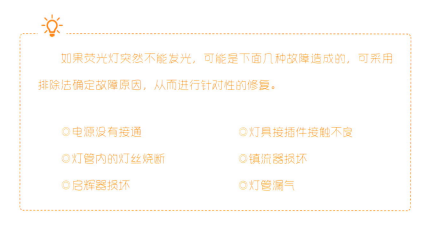

如果荧光灯突然不能发光，可能是下面几种故障造成的，可采用排除法确定故障原因，从而进行针对性的修复。

◎电源没有接通　　　　　　◎灯具接插件接触不良

◎灯管内的灯丝烧断　　　　◎镇流器损坏

◎启辉器损坏　　　　　　　◎灯管漏气

四、LED 灯

LED 发光二级体是一种半导体元件，利用科技手段将电能化为光能，光源本身发热少，属于冷光源，其中 80% 的电能可转化为可见光。LED 灯是传统光源使用寿命的 10 倍以上，而且同样瓦数的 LED 灯所需电力只有白炽灯的 1/10，因此 LED 灯的出现，极大地降低了照明所需的电力。

与白炽灯同等亮度的 LED 灯，电费仅为白炽灯的 1/8，但寿命是其 40 倍。LED 灯的照射面所发出的热量、紫外线、红外线较少，适合用作容易受到这些物质影响的美术品或生物的照明。灯泡色的 LED 灯稍微偏红光，给人柔和和温暖的感觉；昼白色 LED 灯的灯光颜色苍白，如太阳光一般，可以营造出明亮且适合活动的气氛。LED 灯的使用寿命长，适合用在不易维修的场所。有些 LED 灯还可以通过专用的调光器进行调光。但 LED 灯容易受到热气和湿气的影响，必须充分注意散热的问题。此外，LED 灯容易形成较高的亮度，必须注意装设的方式与位置。

在 LED 灯的使用与制作中，人们还研发出了一种 LED 灯带，将 LED 灯用一些特殊工艺焊接在铜线或一些软性的带状线路板上。在灯光设计中，LED 灯带可塑性极强，深受设计者们的喜爱，常常用它来制造一种绚丽而梦幻的场景。

光线向下扩散

此种类型的灯泡能够照亮正下方。适用于走廊与楼梯、卫生间、盥洗室等空间狭小处，专用照亮画作等艺术品与部分墙体的射灯也可使用。

光线向所有方向放射，照明范围广

与普通白炽灯相似，能够提供全方位照明。可作为起居室和餐厅内的吊灯、筒灯、地脚灯等。

△ LED 智能化照明可以满足不同会议主题中对光环境的需求，可以自由设定环境氛围

△ LED 灯全光谱的色彩很适合烘托专卖店和商场的气氛，故而成为一些商家针对某些特殊产品展示的偏好光源

室内照明设计教程

DESIGN

室内照明设计的配色原则

第二章

光与色彩的关系

 一、认识色彩的属性

　　色彩是客观存在的物质现象，是光刺激眼睛所引起的一种视觉感。它和绘画一样，是视觉艺术的表现手段，是可视的艺术语言。色彩的基本属性包括明度、纯度、色调。

　　色彩明度是指色彩的亮度。颜色有深浅、明暗的区别，例如深黄、中黄、淡黄、柠檬黄等黄颜色的明度不同。在所有颜色中，白色明度最高，黑色明度最低。其他常见的色彩中黄色最亮，即明度最高；蓝色最暗，即明度最低；青、绿色为中间明度。黄色比橙色亮，橙色比红色亮，红色比紫色亮。不同明度的色彩，给人的印象和感受是不同的。

　　在相同的照明环境下，彩色物体对光的反射率或透射率越大，其亮度也越高，所引发的明度也就越高。因此，通常浅色的物体比深色物体的反射率或透射率高，在相同的照明条件下，浅色物体的明度也更高一些。

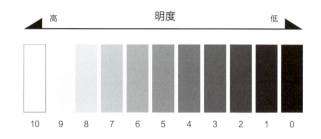

高		明度		低

10　9　8　7　6　5　4　3　2　1　0

◇ 高明度

◇ 纯色

◇ 低明度

纯度也称饱和度，是指色彩的鲜浊程度，可表现色彩的鲜艳和深浅。纯度是深色、浅色等色彩鲜艳度的判断标准。纯度的变化可通过三原色互混产生，也可以通过加入白、黑、灰产生，还可以通过补色相混产生。也就是说，如果在原色中加入白色、黑色或互补色，就会降低色彩的纯度。

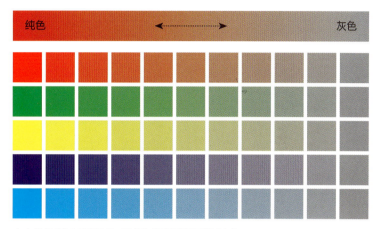

△ 左侧是不含杂质的纯色，随着纯度逐渐降低更接近灰色

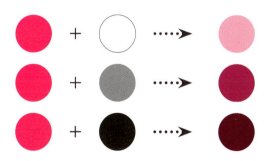

△ 加入黑、白、灰，就可以降低纯度

　　一般而言，光辐射的波长范围越窄，或波段有一定宽度，各波长的光能相差越显著，则光色纯度越高；反之，光辐射的波段范围越宽，且光能差异越小，则其光色纯度就越低。

色调是色彩彼此间相互区分的属性。不同色调表达的意境不同，给人的视觉感受和产生的情感色彩也不同。色调的类别很多，从色相分有红色调、黄色调、绿色调、紫色调等；从色彩明度分，可以有明色调、暗色调、中间色调；从色彩的冷暖分有暖色调、冷色调、中性色调；从色彩的纯度分，可以有鲜艳的强色调和含灰的弱色调等。

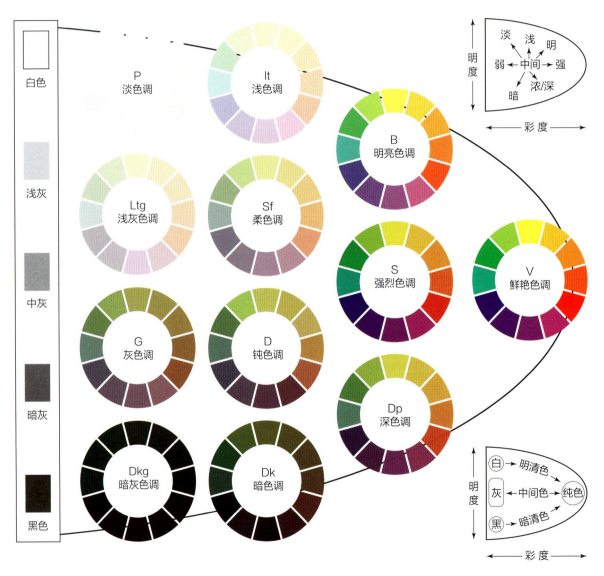

△ 日本色彩研究所研制的色彩搭配体系

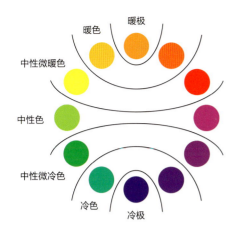

暖极
暖色
中性微暖色
中性色
中性微冷色
冷色
冷极

△ 含灰的弱色调

△ 鲜艳的纯色调

可见光谱中，不同波长的光辐射在人眼视觉上表现为各种色调，大致可划分为红、橙、黄、绿、蓝、紫六大色域。若精细划分，人眼实际上可识别出 100 多种光谱色调，它们被统称为光谱色。

二、光对色彩的影响

不同的光源对色彩感觉的形成存在差异，为了更加准确地辨别色差，就需要搞清光与色彩的关系。如果处在一个无光的环境下，也就无从判断物体的颜色。人之所以可以看清周围的色彩，是由于光通过映照反映到视网膜，人们经过锥体细胞感受色觉，形成对色彩的判断。色彩的构成和光是密不可分的，光是色产生的基础，无光也就无色。

1666年，英国科学家牛顿将一束太阳光从细缝引入暗室，通过三棱镜的折射，白色的太阳光被分解为红、橙、黄、绿、青、蓝、紫七种宽窄不一的颜色，并以固定的顺序构成一条美丽的色带，这就是光谱，也被称为光的分解。若将此七色光用聚光透镜进行聚合，被分解的色彩又会恢复成原有的白色。

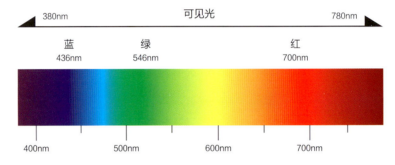

△ 将太阳光分解之后，表现出人眼可以辨别出的"可见光"范围的光谱

所以，人们平时感受到的白色光实际上是由七种色光混合而成的。当白光通过三棱镜时，由于各种色光的波长不同，有着不同的折射率，而被显现出不同本色。其中，红色的波长最长，折射率最小；紫色的波长最短，折射率最大。因为白色光是混合而成的，被称为复色光，而红、橙、黄、绿、青、蓝、紫等色光不能再被分解，因而被称为单色光。

色相	波长范围（nm）
红	780~610
橙	610~590
黄	590~570
绿	570~500
蓝	500~450
紫	450~380

三、光源色、物体色与固有色

不同光源发出的光，由于光波的长短、强弱、光源性质不同，而形成了不同的色光，被称为光源色。例如普通灯泡发出的光中，黄色和橙色波长的光比其他波长的光多，因而呈黄色调；普通荧光灯发出的光中，蓝色波长的光较多，因而呈蓝色调。

物体色的呈现与照射物体的光源色、物体的物理特性有关。实际上，物体本身并不具备颜色，而是由于物体表面具有吸收与反射光的能力，物体表面的分子构造不同，吸收和反射的光就不同，眼睛就会看到不同的色彩。当一束白光照射在物体表面时，它会吸收一部分光，然后再反射一部分光，如果吸收了白光中的所有色光成分，那么物体就会表现出黑色，如果全部反射白光，那么物体就会表现为白色。又比如，在生活中，我们在阳光下看荷叶时是绿色的，但如果此时有一道偏黄的光照射在上面，又会感觉它的绿色偏黄。所以物体色既不是光源的颜色，也不是物体的颜色，而是光源照在物体上物体所呈现的颜色。

△ 不同光色的光源照在墙面和地面上，物体所呈现的颜色大不相同

物体在正常太阳光照射下所呈现的固有色彩被称为固有色。通常情况下，固有色就是我们平常看到的色彩。比如，西瓜的固有色为绿色和黑色，白纸的固有色为白色，香蕉的固有色为黄色。

色调的形成，取决于光源色、物体色、固有色这三大因素，它们之间相互影响的程度，与该物体的质地有很大的关系。粗糙的物体，如呢绒、粗布、陶器等，不易受光源色和物体色的影响，固有色比较显著；而光滑的物体，如金属、玻璃、瓷器、绸缎等，易受光源色和物体色的影响，固有色较不显著。

△ 固有色是指物体在正常太阳光照射下所呈现的固有色彩

△ 表面粗糙的物体，固有色较为显著

△ 表面光滑的物体，固有色较不显著

四、自然光照与色彩关系

不同朝向的房间，会有不同的自然光照情况，可利用色彩的反射率改善房屋的光照情况。

朝东的房间，上下午光线变化不大，与光照相对的墙面宜采用吸光率高的色彩，而背光墙则采用反射率高的颜色；朝西的房间，光照变化更强，其色彩策略与东面房间相同，另外可采用冷色的配色方案来缓和下午过强的日照；朝北的房间常显得光线阴暗，可采用明度较高的暖色；朝南的房间光线较为明亮，适宜采用中性色或冷色相，这样能使室内光照水平处于令人舒适的状态。

△ 朝南的房间因为室内光线较为明亮，所以整体色调可以采用中性色或冷色相

△ 朝北房间常显得阴暗，可采用明度较高的暖色，使房间的光线趋于明快

△ 在朝东的房间内，与光照方向相对的墙面宜采用明度较低的色彩，以增加吸光率

灯具色彩搭配

 ## 一、灯具的配色原则

灯具设计中，由于其光源的特殊性，灯光对材料固有色彩的影响是非常明显的，这是灯具与其他产品设计在材料色彩应用方面的重要区别，因此把灯具材料本身的固有色彩和光源色彩结合起来，从而形成最佳的视觉效果就成为现代灯具色彩设计中的一个重点。

灯具的色彩要与整个房间的色彩搭配。灯具的灯罩、外壳的颜色与墙面、家具、窗帘的色彩要协调。例如，橙色的灯具就不适合搭配绿色墙面，否则会形成强烈的反差，显得特别刺眼。

△ 在中性色为主的空间中，可以灯具的色彩作为点缀色

△ 彩色灯罩的装饰性强，可用以活跃空间氛围，但要注意与室内其他软装元素相呼应

当灯具只是作为一种装饰品的时候，色彩就变得丰富起来，现在比较流行的概念创新灯具，多以白色和钛银色为主。如果是以金属材质为主的灯具，不论在造型上多么复杂，配色上一定会比较简单，这样才更能体现灯具的美感。在现代灯具设计中，灯具的用途越来越细化，针对性越来越强，比如，儿童房灯具的色彩就非常艳丽和丰富。对于餐饮店、咖啡厅等商业空间，室内没有或少有陈列品，可把照明灯具的美感和特点鲜明地表现出来。而百货商场等空间中，主要目的是把商品表现出来，若灯具比商品更显眼，就可能喧宾夺主。

△ 儿童房灯具色彩

△ 以金属材质为主的灯具，简单的配色更能体现灯具的美感

△ 餐饮店灯具的色彩选择范围较广，可以把灯具的美感和特点鲜明地表现出来

△ 儿童房的灯具一般色彩明度较高，且造型上充满童趣

商业环境的照明灯具中，为了使灯具不过于抢眼，吸引人的目光，通常使用无彩色或者低明度、低彩度的色彩。

二、自然色灯具与人工色灯具

　　灯具的色彩通常是指灯具外观所呈现的色彩，大致可分为两种，一种为自然色，如胡桃木、紫檀木和榉木等原木色，选用这些木材制作灯具时，一般采用透明涂饰的方法来保持其天然的色彩和纹理，在现代灯具设计中常和金属、玻璃等其他材质搭配使用，以形成色彩的层次感。藤材也是灯具设计中常见的一种自然材料，由于其柔软、易编制，通过手工便可塑造各种形体，经过漂白后色彩纯净、光洁美观，自然俭朴而又不失时尚感。为了满足人们不同层次的需要，越来越多的自然材料被研发并应用于灯具设计，如贝壳、羽毛等。另一种为人工色，顾名思义就是指经过人为处理加工过的色彩，如颜色绚丽和造型丰富的纸制灯具、布艺灯具、金属灯具、玻璃灯具和其他复合材料的灯具等。选择这类灯具时，应注意金属电镀方式、玻璃透明感及水晶的折射光效等问题。

△ 人工色的灯具

△ 自然色的灯具

自然色
自然色灯具的自然色通常指木头的天然色彩和纹理，在工艺上一般为清漆处理，给人带来一种平静、朴实、自然的感觉。

灯具原材料的色彩大致有两种

人工色
人工色指的是通过各种人工技术手段生产出来的颜色，主要表现在金属、玻璃或布艺等材料上。人工色虽然单一，但色彩可以任意调配。

三、灯具的肌理表现

肌理，又称质感，是由天然材料或人工材料自身组织结构的排列和构造不同而形成的，具有可视性和可触摸性。肌理的灵活应用可以为灯具设计锦上添花。一般来说，现代灯具的肌理表现可分为以下两种类型。

△ 灯具表面的肌理能产生丰富的视觉化语言

◎ 单一材质单一肌理的运用

很多藤制灯具都采用此方法，主要是突出其纯粹、原始、粗犷和自然的情调，只是一些藤制灯具在不同部位的编织会有疏密之分。

◎ 同一材质不同肌理的运用

如喷砂玻璃和磨砂玻璃，同属玻璃材质，具有透光性和剔透感，质感相同，但由于其加工工艺不同，又使它们的纹理存在一些细微的差异。这种肌理的组合对比相对较弱，但具有很好的协调性，常见于玻璃灯具和纸制灯具的设计中。

△ 单一材质单一肌理的运用

△ 同一材质不同肌理的运用

此外，还有一种方式是不同材质不同肌理的运用。如一款由原木和玻璃为主要原料的灯具，原木被制作成粗细不均、长短不一的圆木条，经组合排列等艺术处理后置于圆柱形玻璃的外围，使色彩得到了充分的体现，同时各种材料之间也形成了良好的肌理对比，具有丰富的层次感。

四、灯罩颜色的选择

灯罩是灯具能否成为视觉亮点的重要因素，选择前要考虑好使用目的，是想让灯散发出明亮光线还是柔和光线，或者想通过灯罩的颜色来做一些色彩上的变化。例如，乳白色玻璃灯罩不但装饰效果纯洁，而且反射出来的灯光也比较柔和，有助于营造淡雅的环境气氛；色彩浓郁的透明玻璃灯罩，外观华丽大方，而且反射出来的灯光也绚丽多彩，有助于营造高贵、华丽的气氛。

色彩淡雅的灯罩通常比较百搭，但适当选择带有色彩的灯罩有时可起到很好的装饰作用。一款色彩多样的灯罩可以提升空间的活跃感，但选择前应观察整个房间里是否已经有很多花色繁复的布艺。否则选择素色的灯罩比较适合，因其在各类复杂的布艺里反而会更加突出。

△ 乳白色玻璃灯罩适合创造淡雅的环境氛围

△ 红色灯罩与餐椅椅垫的色彩形成呼应，提升活跃感的同时还增加了空间的整体感

△ 金属电镀色的灯罩具有轻奢的质感和光泽

△ 彩色灯罩具有很强的装饰作用

五、不同风格的灯具色彩

现代简约风格的空间中，灯具大多使用钛银色和黑白两色。

东南亚风格空间中，灯具的颜色一般比较单一，多以深木色为主，以营造雅致气氛。

很多工业风格空间中，常将表面暗淡无光与明光锃亮的灯饰混合使用，有时也会选择带有鲜明色彩灯罩的机械感灯饰。

地中海风格空间中，灯具设计上常使用一些蓝色的玻璃制作成透明灯罩，通过其透出的光线形成一种非常绚烂的明亮感，让人联想到阳光、海岸、蓝天。一些用海岩和贝壳制作的灯具，几乎都是米黄色。由彩色玻璃制作而成的蒂凡尼灯具，即使不开灯时也是一件装饰品。

△ 表面做旧的金属灯饰具有鲜明的个性特征，可让人充分感受到工业风格空间的冷峻感

△ 地中海风格中常见蓝白相间的蒂凡尼灯饰，多由彩色玻璃制作而成

△ 东南亚风格的空间中常见深木色的自然材质灯具

△ 现代风格灯具造型简洁，多以钛银色或黑白色为主

日式风格空间中，灯具样式上遵循朴素实用的原则，色彩上特别注重自然质感，比如原木、麻、纸、藤编、竹子等材质被普遍应用。

中式风格空间中，灯具的配色注重素雅大气，主体多为淡色加重色搭配，对比鲜明。如果灯具的主体是陶瓷，则有青花和彩瓷之分，但是主色调不会太过浓郁。在中式风格空间的灯具用色中，红色是最常使用的颜色，不论是红棕色还是大红色，每种红色都有不同的韵味，一个灯具上体现的感觉也有所不同。

△ 彩色陶瓷灯具

△ 青花陶瓷灯具

△ 日式风格空间通常选择呈现原色的自然材质灯具

△ 中式风格空间灯具上常见红色的传统图案，带有吉祥喜庆的美好寓意

光色的空间应用

一、两类光源的光色

目前适合家庭使用的电光源主要有两种，即白炽灯和荧光灯。白炽灯由钨丝直接发光，温度较高，属于暖光源，光色偏黄；荧光灯则是由气体放电引起管壁的荧光粉发光，温度较低，属于冷光源，光色偏蓝。近几年来，有了不少荧光灯新产品，除了原有的光色外，还出现了与自然光色相仿的三基色荧光灯。此外，节能型荧光灯异军突起，光色的种类也十分丰富，既有暖光色也有冷光色，选择的余地较大。

△ 白炽灯会使色彩显得更暖更黄，
给人以稳重温暖的感觉

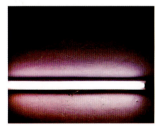

△ 荧光灯会使色彩更偏向冷色调，
适宜营造清新爽快的感觉

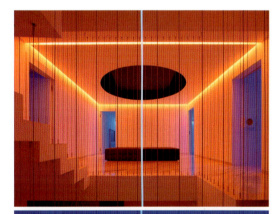

△ 不同光色呈现的视觉效果不同

二、白光与色彩光

　　白光是一种复合光，一般由二波长光或者三波长光混合而成。在灯光设计中，可以把白天晴天时的太阳光定义为白光。白光显色真实，照射的对比度较大，趋向太阳光，色温偏冷，所以可用于工作性质的照明，同时能把材料所具有的独特质感呈现出来。

　　3000K 左右的白光，通常在商业空间中用于重点照明，尤其是精品店中，照明方式低调，同时严格控制亮度比。高于 4000K 的白光则常用于面积宽阔的销售空间，以体现产品的科技感和简洁的外观设计。

　　色彩光是非彩色光（白、黑系列光）之外的各种颜色的集合，多应用于商业空间。通常色彩强调光色对物体的渲染，有增强氛围的作用。不同色彩光刺激人眼会引发不同的心理效应，使人产生不同的情感反应，浮现出迥然不同的联想。不同颜色的光源表达出不同的情感，空间的情感需要不同光色的光源进行渲染和烘托。

　　有一种色彩光的设计方式，表面上看起来是白光，但实际上增加了特殊的光谱，投射到商品上后会呈现出特殊的效果，能有效促进商品的销售。这种照明设计手法广泛用于超市卖场。

△　白光

△　色彩光

◆ **色彩的情感与特征**

颜色	图示	情感印象特点	情感印象
红色		爱情、热情、祝福、胜利、勇敢、愤怒、危险、兴奋	红色在视觉上给人一种迫近感和扩张感，容易引发兴奋、激动、紧张的情绪。红色的性格强烈、外露，饱含一种力量和冲动，其内涵是积极的、前进向上的

颜色	图示	情感印象特点	情感印象
橙色	●	开朗、活力、活泼、愉悦、温暖、诱惑、任性、威胁	橙色象征活力、精神饱满和交谊性，是所有颜色中最为明亮和鲜亮的，给人以年轻、活泼、健康的感觉，是一种极佳的点缀色
黄色	●	年轻、希望、明亮、快乐、热闹、警戒、嘈杂、妒忌	黄色给人轻快、充满希望和活力的感觉，中国人对黄色特别偏爱，这是因为黄色与金黄为同色，被视为丰收、高贵的象征
绿色	●	健康、自然、新鲜、和平、理性、希望、保守、痛苦	绿色被认为是大自然本身的色彩，象征着生机盎然、清新宁静与自由和平，因为绿色给人的感觉偏冷，所以一般不适合在家居空间中大量使用
蓝色	●	信赖、安全、知性、凉爽、冷静、忧郁、孤独、冷淡	作为冷色的代表颜色，蓝色会使人自然地联想到宽广、清澄的天空和透明深沉的海洋，所以也会使人产生一种爽朗、开阔、清凉的感觉
紫色	●	高贵、高级、神秘、优雅、幻想、宗教、傲慢、低级	紫色给人无限浪漫的联想，追求时尚的居住者最推崇紫色。无论大面积运用或是作为点缀，都会让空间呈现不一样的氛围
白色	○	清洁、光明、神圣、简单、悲伤、冷漠、孤独	白色给人洁白无瑕的视觉感受，常给人宁静、单纯的联想。白色通常作为中立的背景，来传达简洁的理念，极简风格的设计中，白色用得最多
灰色	●	高级、柔和、朴素、沉稳、谦逊、忧郁、不安	灰色让人联想起冰冷的金属质感和 20 世纪的工业气息，它有着岩石般的坚硬外壳，又是自然界中不起眼的保护色
黑色	●	高雅、力量、男性、沉默、恐怖、寂静、伤感	黑色最能显示现代风格的简单，这种特质源于黑色本质的单纯。作为最纯粹的色彩之一，它所具备的强烈的抽象表现力超越了任何色彩体现的深度

颜色	图示	情感印象特点	情感印象
米色		优雅、大气、舒适、纯净、温暖、柔情、自然、中庸	米色比驼色更明亮清爽，比白色更优雅稳重，整体色彩表现为明度高、纯度低。在室内任何地方使用这个颜色，都不会给人带来突兀的感觉
金色		光明、华丽、辉煌、高贵、权利、财富、奢侈、炫耀	金色向来是高贵优雅、明艳耀眼的颜色代表，它是法式风格中最具代表性的色彩之一，有着光芒四射的魅力，而且可以很好地起到营造视觉焦点的作用

三、不同空间的光色选择

　　一般来讲，灯光的颜色应根据室内的使用功能确定。由于客厅是公共区域，灯光颜色要丰富、有层次、有意境，从而烘托出一种友好、亲切的气氛。通常色温 3000K 左右就能达到一般人对客厅要求的明亮度，最好不要超过 5000K。

△ 客厅灯光颜色要丰富、有层次、有意境

△ 餐厅大多选用照度较高的暖色光

餐厅空间中，为促进食欲，大多选用照度较高的暖色光，白炽灯和荧光灯都可以使用。色温在2500~2800K之间时最容易营造温暖、愉快、舒适的气氛。

卧室通常需要温馨的气氛，灯光应该柔和、安静，暖光色的白炽灯最为合适，普通荧光灯的光色偏蓝，在视觉上让人很不舒服，应尽可能避免采用。卧室内的照明光线不宜太强，色温2800K左右为佳。

△ 卧室适合应用暖光色来营造温馨的氛围

黄色光源的灯具比较适合用在书房里，可以振奋精神，提高学习效率，有利于消除或减轻眼睛疲劳。

厨房对照明的要求稍高，灯光设计应尽量明亮、实用，但是灯光的颜色不能太复杂，可以选用隐蔽式荧光灯来为厨房的工作台面提供照明。厨房的色温取决于它与餐厅的位置关系：如果厨房与餐厅连接，那么厨房的色温最好与餐厅一致，可稍微偏低；如果是独立厨房，建议用高色温，但不宜超过4000K。

△ 厨房灯光宜明亮一些，但光色不能太复杂

卫生间的灯光设计应营造温暖、柔和的氛围，以烘托出浪漫的情调。如果卫生间的墙地砖选用白色，则色温越低越好，采用黄光，才不会显得过分苍白。如果卫生间的墙地砖选用灰色甚至黑色的水泥砖，则建议色温高一点，可采用白光，以免显得卫生间过于阴暗。盥洗台的照明设计，安装在镜子两侧会优于顶部，色温以4000K为最佳，显色好，亮度够。

△ 卫浴间可根据墙砖的颜色选择黄光或白光

DESIGN

室内照明设计教程

灯具在整体照明设计中的应用

第三章

灯具尺寸与安装高度

第一节

 ## 一、灯具尺寸选择原则

灯具的选择中，除了考虑造型和色彩等要素外，尺寸也尤为重要。有的设计方案中，灯具的造型很漂亮，非常精致，但安装后整个空间却没有呈现出理想中的效果，可能就是灯具的尺寸不适宜。

空间大小是决定灯具尺寸的重要因素。一个大约 10m^2 的房间，一般选择直径 20cm 的吸顶灯或单头吊灯比较合适；一个大约 15m^2 的房间，以直径为 30cm 的吸顶灯或者直径为 40~50cm 的 3/4 头小型吊灯较为适宜。

△ 吊扇灯或分子灯应调大尺寸更为适宜

△ 灯具的尺寸直接影响到安装后的美观效果，同时也是决定一个空间中软装搭配成功与否的重要因素

△ 圆形灯罩的灯具选择小一号的款式更加合适

灯型对灯具的尺寸影响非常大，如果灯具外框是圆形灯罩，并且不太通透，采购或加工时应适当调小尺寸；吊扇灯和分子灯虽然扇叶非常大，但是扩散型的，安装后会给人偏小偏弱的感觉，采购或加工时应适当调大尺寸。

如果灯具安装在房间的中央位置，可将房间的长度与宽度进行测量，将两者相加得到一个数值，灯具的直径不应超过该数值的 1/12。简单的公式为：灯具直径≤（房间长度 + 房间宽度）/12。

大多数房间的灯具和地面之间以 213cm 的距离为佳。但是如果灯具是悬挂在咖啡桌或者其他家具上，则不必考虑人员行走问题，可以悬挂得低一点。桌子上方的灯具的直径应该比桌子的宽度小 30cm 左右，以避免灯光直射头部。

一般来说，层高较高的空间中灯具垂挂吊具也应较长。这样的处理方式可以使灯具占据空间纵向高度上的重要位置，从而使垂直维度上更有层次感。

△ 层高较高的空间中，为了更好地实现照明需求，灯具所垂挂的吊具也应相对加长一些

灯具直径应比桌子的宽度小30cm

△ 灯具直径应比桌子的宽度小 30cm 左右

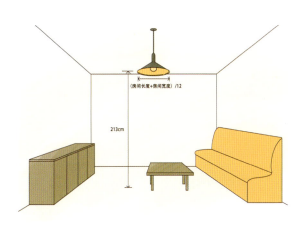

（房间长度+房间宽度）/12

213cm

△ 灯具直径不超过房间长度加房间宽度之和的 1/12，灯具距离地面 213cm 为最佳距离

二、客厅灯具尺寸选择

为客厅搭配主灯时，应结合客厅的实际面积选择相应大小的灯具。面积为 10~25m² 的客厅，其灯具的直径不宜超过 1m；而面积在 30m² 以上的客厅，灯具的直径以 1.2m 以上为宜。

客厅吊灯下方与地面的距离最少为 200~210cm，如果是中空挑高的客厅，则灯具的设计至少不能低于第二层楼。如果第二层上有窗户，应将吊灯放在窗户中央的高度，这样从外部就可以观看到灯具。

如果客厅的层高较低，则可以选择在顶面设置一盏造型简约的吸顶灯，也可以搭配若干落地灯。

如果在客厅安装壁灯，高度一般要高于人的视线，通常控制在 1.8m 以上，功率以小于 60W 为宜。

△ 层高在 2.6m 以下的客厅，通常可选择吸顶灯作为空间的主灯

△ 客厅壁灯的安装高度

△ 中空挑高的客厅，灯具安装时不能低于第二层楼的楼板高度

落地灯的尺寸主要考虑灯架高度、灯罩高度，客厅的落地灯按大小可分为大型落地灯和小型落地灯，大型落地灯的高度在 1.52~1.85m 之间，灯罩直径为 0.4~0.5m，小型落地灯的高度为 1.08~1.4m，灯罩直径为 0.25~0.45m。

筒灯按照直径尺寸可分为 2~8 寸等，选择筒灯时，灯体的高度也是一个非常重要的参数，需根据吊顶的厚度来定。比如，层高 2.8~3.4m 的客厅空间中，通常吊顶的造型相对较薄，建议选择灯体高度小于 8cm、直径在 2~4 寸之间的筒灯。而别墅、复式户型等层高在 7m 左右的客厅空间，筒灯的尺寸限制相对较少，5~8 寸甚至更大尺寸都可运用，即使再高的灯体高度也能适合这类厚度足够的吊顶，但对筒灯的功率要求相对更高。

△ 小型落地灯

△ 客厅筒灯的直径大小应根据空间的层高、面积等因素进行选择

△ 大型落地灯

三、卧室灯具尺寸选择

卧室灯具的安装高度一般为距离地面 213cm 左右，如需将灯具安装在床的正上方位置，则以人跪在床上时，灯具至少距离头部 15cm 左右为标准。若以大型吊灯作为卧室的主要光源，则应避免将吊灯安装在床的正上方，安于床尾的上方比较适宜。

卧室床头壁灯的风格应考虑和床上用品或者窗帘有一定呼应，以达到比较好的装饰效果。安装前应先确定壁灯距离地面的高度和挑出墙面的距离。通常壁灯一般安装在床垫上方 60~75cm 的位置，挑出墙面距离为 9.5~49cm。

△ 如果用小吊灯代替床头壁灯，应控制好吊灯与床头柜的高度

△ 卧室灯具的最佳安装高度

△ 在卧室中安装吊灯的前提是有足够的层高，并且可安装在床尾上方的位置

面积在 10m² 及以下的卧室	直径 26cm、电功率为 22W 以下的吸顶灯
面积在 10~20m² 的卧室	直径 32cm、电功率为 32W 左右的吸顶灯
面积在 20~30m² 的卧室	直径 38~42cm、电功率为 40W 的吸顶灯
面积大于 30m² 的卧室	直径为 70~80cm 的双光源的吸顶灯

四、餐厅灯具尺寸选择

餐厅吊灯的尺寸可根据餐桌的大小进行选择。长度为 120~150cm 的餐桌应搭配直径 40~50cm 的吊灯，长度 180~200cm 的餐桌可以使用直径 80cm 左右的灯具或使用多个小型吊灯。如果是排列一组的灯具，可以用桌子的长边除以灯具数量，以商数的 1/3 为标准。

一般情况下，餐厅吊灯距餐桌桌面 50~80cm 左右较为合适，过高则容易让餐厅空间显得空洞单调，而过低则会在视觉上形成一定的压抑感。可选择让人坐在餐厅时视觉会产生 45° 斜角的焦点，且不会遮住脸的悬吊式吊灯。

△ 排列一组的灯具，可以用桌子的长边除以灯具数量，以商数的 1/3 为标准

△ 长度 120~150cm 的餐桌搭配其长度 1/3，也就是直径 40~50cm 的吊灯较为适宜

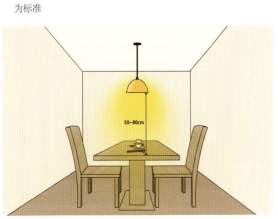

△ 餐厅照明设计数值

△ 长度 180~200cm 的餐桌可以使用直径为 80cm 左右的吊灯

◆ 吊灯与餐桌的搭配比例

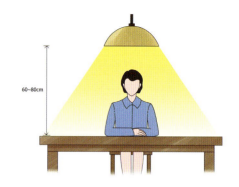

◎ 普通大小餐桌

灯具直径占餐桌长度 1/3 为宜，其高度以距桌面 60~80cm 为宜。

◎ 加长型餐桌

可配合加长餐桌使用尺寸更大的吊灯，以满足长桌的照明需求。其高度仍以距离桌面 60~80cm 为佳。

◎ 大型餐桌

可同时搭配 2~3 盏小型吊灯，其高度应为距离桌面 50~70cm。

五、过道灯具的安装高度

现代灯光设计中，在过道空间运用筒灯或壁灯极为普遍，其装设间隔一般为 180~200cm，壁灯挑出墙面的距离一般为 9~40cm。利用灯具将灯光打在墙面上，可在很大程度上降低过道空间的压抑感。在过道空间中，一般将壁灯安装在距离地面 220cm 左右的高度。由于光的扩散方式会随着灯具大小和光源瓦数的变化而变化，因此必须根据实际情况进行调整。

楼梯过道中的地脚灯的安装高度一般以距离台阶 30cm 左右为宜，壁灯一般安装在距离地面或楼梯台阶上方 220cm 左右的高度。

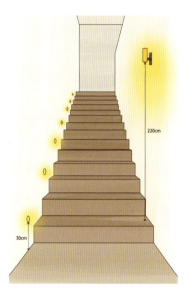

△ 过道壁灯一般可安装在距离地面 220cm
左右的高度，挑出墙面的距离为 9~40cm

△ 楼梯地脚灯和壁灯的安装高度

△ 卫浴间镜前灯的高度通常不高于 1.8m

 # 六、镜前灯的安装高度

一般卫浴间的镜前灯安装在镜子两侧，安装高度和镜子的高度有很大的关系。一般来说，镜子的高度为 1.7~1.8m。所以镜前灯的高度通常不高于 1.8m。当然具体还是要根据实际情况来定，如果使用者的身高比较高，则镜子和镜前灯的位置都需要稍高一些。如果是专门为孩子设计的空间，高度设置在 1.5m 左右就可以。

灯具的材质类型

 ## 一、水晶灯

　　水晶灯起源于欧洲 17 世纪中叶的洛可可时期。当时欧洲人向往和追求华丽璀璨的物品及装饰，水晶灯便应运而生，并大受欢迎。水晶灯是由水晶材料制作成的灯具，主要由金属支架、蜡烛、天然水晶或石英坠饰等共同构成。由于天然水晶往往含有横纹、絮状物等天然瑕疵，并且资源有限，人们研究发明了人造水晶、工艺水晶。世界上第一盏人造水晶灯具为法国籍意大利人 Bernardo Perotto 于 1673 年创制。

　　由于水晶灯的装饰性很强，并且给人奢华高贵的视觉感受，因此法式风格、轻奢风格的空间中常选用水晶吊灯作为照明及装饰。通常层高不高的空间中适宜安装造型简洁的水晶吊灯，而不宜选择多层且繁复的水晶吊灯。

△ 新古典风格空间中的水晶灯样式相对比较简洁

△ 水晶灯是塑造轻奢气质空间的首选

△ 色彩艳丽的水晶吊灯除了照明功能之外，还是一种装饰性很强的软装元素

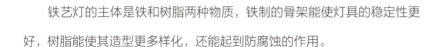

二、金属灯

◆ 铁艺灯

传统铁艺灯基本上都是起源于西方，在中世纪的欧洲教堂和皇室宫殿中，灯泡还未发明时，用铁艺做成灯具外壳的铁艺烛台灯是贵族的不二选择。随着灯泡的发明创造，欧式古典的铁艺烛台灯不断发展，它们依然沿用传统古典的铁艺，但是灯源已经由原来的蜡烛变成了用电源照明的灯泡，形成更为美观的欧式铁艺灯。

铁艺灯的主体是铁和树脂两种物质，铁制的骨架能使灯具的稳定性更好，树脂能使其造型更多样化，还能起到防腐蚀的作用。

铁艺灯有很多种造型和颜色，并不只适合于欧式风格的装饰。有些铁艺灯采用做旧的工艺，给人一种经过岁月洗刷的沧桑感，与同样没有经过雕琢的原木家具及粗糙的手工摆件是最好的搭配，也是地中海风格和乡村田园风格空间中的必选灯具。例如，摩洛哥铁艺风灯独具异域风情，如果把其运用在室内，能打造出独具特色的地中海民宿风格。

△ 摩洛哥铁艺风灯

铁质骨架　　树脂造型

△ 美式风格铁艺灯

△ 工业风格铁艺灯

铁艺制作的鸟笼灯具有台灯、吊灯、落地灯等形式，是新中式风格空间中比较经典的元素。鸟笼灯具款式多样，外围形状各异，有古典的花窗隔板围成的多边体，有优雅的花卉形，有简约的圆柱体内置丝绸、薄绢、白纱等，绘以精美的中式元素，精致典雅。

如果将鸟笼灯作为居家吊灯，要注意层高的要求，如果层高较矮就不适合悬挂鸟笼灯，否则会给人压抑感。它更适合较大的空间中，如大型餐厅中，以大小不一、高低错落的悬挂方式作为顶部的装饰和照明。

△ 多盏鸟笼灯的设计给新中式空间增添了自然的氛围

早在数百年前，中国就开始制作鸟笼，并以选材考究，手工精细，造型艺术而闻名于世。由于中国古人饲养的鸟类种类繁多，鸟笼的造型也非常丰富。鸟笼灯就是以鸟笼为原型创作的。新中式鸟笼灯具在设计中运用减法，用简洁的线条构成类似中式灯笼的形状，极具装饰性。

◆ 铜灯

　　铜灯是指以铜为主要材料的灯具，包含紫铜和黄铜两种材质。铜灯是使用寿命最长的灯具，处处透露着高贵典雅的气质，非常适合用于别墅空间。从古罗马时期至今，铜灯一直是皇室威严的象征，欧洲的贵族们无不沉迷于铜灯这种美妙金属制品的隽永魅力中。

　　目前具有欧美文化特色的欧式铜灯是主流选择，它吸取了欧洲古典灯具及艺术的元素，在细节的设计上沿袭了古典宫廷的特征，采用现代工艺精制而成。欧式铜灯非常注重灯具的线条设计和细节处理，点缀用的小图案、花纹等都非常的讲究，除了原古铜色外，有的还会采用人工做旧的方法来制造时代久远的感觉。欧式铜灯在类型上有台灯、壁灯，吊灯等，其中吊灯主要采用烛台式造型，在欧式古典家居空间中较为多见。

△ 悬挂于欧洲古代宫廷之中的艺术铜灯，一直是皇室威严的象征

纳沃佩思设计

△ 台灯形式的铜灯

达·芬奇设计

△ 吊灯形式的铜灯

在欧式风格空间中，铜灯几乎是百搭的灯具，全铜吊灯及全铜玻璃焊锡灯都非常适合；美式铜灯主要以枝形灯、单锅灯等简洁明快的造型为主，质感上注重怀旧，灯具的整体色彩、形状和细节装饰都体现出历史的沧桑感，一盏手工做旧的油漆铜灯，是美式风格的完美载体；现代风格空间中，可以选择造型简洁的全铜玻璃焊锡灯，玻璃以清光透明及磨砂简单处理的为宜；而应用在新中式风格空间的铜灯往往会加入玉料或者陶瓷等材质。

因为纯铜难以塑形，很难找到百分百的全铜灯，目前市场上的全铜灯多为黄铜原材料按比例混合一定量的其他合金元素，材质耐腐蚀性、强度、硬度和切削性得到提高，从而做出造型优美的铜灯。

△ 铜灯造型精美，应用在古典风格的空间中仿佛一件名贵的工艺品

△ 全铜吊灯

△ 全铜玻璃焊锡灯

△ 新中式风格中荷叶造型的全铜灯

金属电镀工艺

在轻奢风格的空间中。常见电镀处理的金属灯具。这类灯具的金色又有沙金、玫瑰金、电泳金、金古铜、钛金、青古铜、黄古铜等多种细分颜色。其表面处理，主要分为喷漆、喷粉、电镀、钛金，就成本来说，喷漆、喷粉的价格较低，电镀适中，钛金稍贵。

喷漆、喷粉、电镀，都是表面处理工艺，主要作用是防锈、上颜色。其中喷漆、喷粉的价格较为便宜，但防锈性能比电泳金、金古铜这两种电镀方式还要好。这是因为喷漆、喷粉使用的是树脂类的材质，而电泳金和金古铜都是表面镀上金属，金属在潮湿环境下容易腐蚀生锈。

电泳金的成本稍低，容易生锈，而且金色会显得过于耀眼。而金古铜恰好相反，质量会好很多。钛金也属于电镀的一种方式，是在用不锈钢板抛光成镜面的基础上用大型真空镀膜设备镀上一层高耐磨、耐腐蚀的金色氮化钛金层，所以防锈性能挺不错，但成本也相对较高。

△ 金古铜电镀方式制作的金属台灯

△ 喷漆工艺制成的金属台灯

△ 电泳金电镀方式制作的金属落地灯

三、玻璃灯

　　玻璃材质制作的灯具有透明度好、照度高、耐高温性能优异等优点。很多工艺复杂的玻璃灯既是照明工具，又是精美的艺术装饰品。玻璃灯的种类及形式都非常丰富，也为整体搭配提供了很大的选择范围。

　　玻璃材质本身就具备许多不同的制作工艺，因而衍生出多种不同的玻璃类型，例如浮雕玻璃、琉璃玻璃、夹丝玻璃、马赛克玻璃等，这些玻璃皆可作为玻璃灯具的制作原料。

△ 葫芦造型的玻璃灯富有趣味性

△ 床头吊灯形式的玻璃灯

△ 彩色玻璃分子灯为卫浴空间增添了浪漫气氛

玻璃灯的制作工艺繁多，常见的有手工烧制玻璃灯具和彩色玻璃灯具两种。手工烧制玻璃灯具通常指通过手工烧制而成的灯具，业内最为著名就是意大利手工烧制玻璃灯具。彩色玻璃灯指的是用大量彩色玻璃拼接起来的灯具，其中最为有名的就数蒂凡尼灯具。

蒂凡尼灯具的风格较为粗犷，风格与油画类似，其最主要特点是可制作不同的图案，其本身就是一件艺术品。因为彩色玻璃是由特殊材料制成的，灯具永不褪色。另外，由于这种玻璃的特殊性，其透光性与普通玻璃有很大的差别。普通玻璃透出的光可能会刺眼，但蒂凡尼灯具的透光效果柔和而温馨，能为房间营造出独特的氛围。

△ 彩色玻璃分子灯为卫浴空间带来了浪漫色彩

△ 蒂凡尼灯具

如果单纯考虑室内照明，可选择透明度高的纯色玻璃灯，不仅大方美观，而且能提供很好的照度。如果想将玻璃灯作为室内装饰，则可以选择彩色玻璃灯，不仅色彩丰富多样，而且能为空间制造出纷繁而又和谐统一的氛围。

此外，精美的玻璃灯还可依造型分类，有规则的方形和圆形、不规则的花型两种款式。通常卧室中经常使用方形和圆形的玻璃灯，光线比较柔美；而不规则的花型玻璃灯通常是仿水晶灯的造型，因为水晶灯价格昂贵，而玻璃材质的花型灯更加经济，经常替代水晶灯被应用在客厅等公共空间。

△ 彩色玻璃灯

△ 不规则花型的玻璃灯

△ 规则的圆形玻璃灯

△ 透明度高的纯色玻璃灯

四、陶瓷灯

陶瓷灯指的是采用陶瓷材质制作成的灯具，最早的陶瓷灯是宫廷里面用于蜡烛灯火的罩子，近代发展成落空瓷器底座。陶瓷灯的灯罩上往往绘以美丽的花纹图案，装饰性极强。

现代陶瓷灯具分为陶瓷底座灯与陶瓷镂空灯两种，其中以陶瓷底座灯最为常见。陶瓷灯的外观非常精美，目前常见的陶瓷灯大多是台灯的款式。其他类型的灯具做工比较复杂，因而很少使用瓷器。

法式风格的陶瓷灯通常带有金属底座，并经过描金的处理；中式风格的陶瓷灯做工精细，质感温润，仿佛一件艺术品，极具收藏价值，其中新中式风格的陶瓷灯往往带有手绘的花鸟图案，装饰性强，有吉祥的寓意；美式风格的陶瓷灯表面常采用做旧工艺，整体优雅而自然，与美式家具相得益彰。

△ 美式风格陶瓷灯

△ 新中式风格陶瓷灯

△ 法式风格陶瓷灯

⑤ 五、树脂灯

树脂灯是指用树脂塑成的各种形态造型的灯具。树脂灯的可塑性非常强，如同橡皮泥一样可随意捏造，所以用树脂制造的灯具通常造型丰富、生动、有趣。此外，树脂原料价格相对便宜，制作工艺也比较简单，所以树脂灯具价格上比铁艺灯、铜艺灯、玻璃灯、水晶灯等有很大优势。

鹿角灯起源于 15 世纪的美国西部，多采用树脂制作成鹿角的形状，在不规则造型中形成巧妙的对称，为居室带来极具野性的美感。一盏做工精美的鹿角灯，既有美国乡村自然淳朴的质感，又充满异域风情，可以作为居家生活中难得的藏品。

风扇灯既有装饰性，又有实用性，可以表达舒适休闲的氛围。东南亚风格中常用树脂材质的芭蕉扇吊灯。

△ 鹿角造型树脂吊灯

△ 仿树叶造型树脂风扇灯

△ 树脂灯可制成各种不同的形态造型

六、藤灯

　　藤灯的灯架以及灯罩都是用藤材料制成的，在外观上给人一种清雅、朴素、自然、清新之感。灯光透过藤缝投射出来，斑驳流离，美不胜收。古式藤灯通常给人古朴的感觉，但现在的藤编灯在造型上从传统框架里跳了出来，独有一种悠闲自在的韵味。

△ 常见藤灯款式

△ 藤灯适合搭配同样具有自然、粗犷气质的文化石墙面，软装上可搭配形态自然的根雕家具

藤灯不仅可以用于家居照明，同时也是极具艺术美感的装饰品。藤产地主要集中在东南亚国家，所以市场上的藤灯也以东南亚风格为主。

△ 保留藤条原色的藤灯，营造出悠闲自在的气氛

△ 保留了藤、木质等材料自然原始肌理，细节变化丰富，能让空间
充满艺术韵味

△ 藤灯的艺术内涵表现为把自然融入生活，不仅可用作家居照明，
同时也是不错的艺术装饰品

△ 藤艺灯是东南亚风格空间中最常用的灯具类型之一

七、木质灯

从材质角度来说，木质灯比金属、塑料等灯具更环保。灯具制造中所用到的木质原料，除了天然材质以外，还有部分是经由人们后天加工生产的，但木质本身的纹理大多被保留了下来。木质灯很适合用在卧室、餐厅等空间，让人感到放松、舒畅，给人温馨、宁静之感。如果是落地灯，还可以在灯上装饰一些绿色植物，既不干扰照明，还增添了自然的气息。

△ 深木色的木质灯符合中式空间的古典气质，同时在造型上也与根雕、盆景等软装元素形成呼应

△ 木质灯罩与金属吊杆相结合的设计

△ 木质落地灯

北欧风格清新，强调材质原味，造型简洁的原木灯具非常适用。日式风格家居常以自然材质贯穿整个空间的设计布局，在灯具上也是如此。简约的实木吸顶灯能让空间更显清雅。自然恬淡是日式木质吸顶灯设计的主要特点，它在颜色上保持着木质材料的原有色泽，不加过多的雕琢和修饰。此外，工业风格也可运用，例如把灯泡直接装在木头底座上。

△ 北欧风格原木灯具

由于木材本身是不耐腐蚀的天然材料，因此通常需要经过防腐及加固处理，让其更为耐用。此外，木材具有易于雕刻的特性，木质灯具可实现多种设计创意，比如利用圆形镂空的木头作为灯具的灯罩，既精美又实用。

△ 日式木质吸顶灯

△ 圆形镂空木质灯具

△ 经过创意雕刻的木质灯具

八、纸质灯

　　纸质灯的设计灵感来源于中国古代的灯笼，不仅饱含中国传统的设计美感，而且还具有其他材质灯具不可比拟的轻盈质感和可塑性。纸灯的优点是重量较轻、光线柔和、安装方便且容易更换等，半透的纸张过滤成柔和、朦胧的灯光，令人迷醉。纸质灯的造型多样，可以跟很多风格搭配出不同效果。一般多以组群形式悬挂，大小不一、错落有致，极具创意和装饰性。

　　羊皮纸灯具是纸质灯的一种，虽然名为"羊皮灯"，但市场上真正用羊皮制作的灯并不多，大多是用质地与羊皮类似的羊皮纸制作而成的。

△ 中式羊皮纸吊灯

△ 中式羊皮纸落地灯

△ 组群形式高低错落悬挂的纸质灯

日本早期也常运用纸质灯具，日式纸灯受到中国古代儒道禅文化的影响，传承了中国古代纸灯的美学理念，并且结合了日本的本土文化。在日本文化中，明和善是神道哲学的主要内容，这时期的纸灯也体现出了对这一文化的尊重。日式纸灯主要由纸、竹子、布等材料制作而成。纸灯的形状、颜色以及繁简的变化体系都与中式纸质灯有着很大的区别。

△ 纸质落地灯

△ 纸质灯的设计来源于中国古代的灯笼，具有其他材质的灯饰不可比拟的轻盈质感和可塑性

九、布艺灯

将布艺运用在灯具上的设计形式由来已久，并且造型及风格也越来越丰富。布艺灯的灯身常用木质、铁艺等制成各种形状的主体，再配以不同颜色、不同花色、不同质地的布料及装饰花边，配以水晶等作为装饰，从而制成造型多样的布艺灯。如可爱时尚的日韩布艺灯、精美的田园风格碎花布艺灯，厚重典雅的欧式布艺灯等。还可以将布艺与羊皮灯的制作材料混搭，设计出饰面更为丰富的羊皮灯具。

△ 韩式蕾丝布艺灯

△ 田园风格碎花布艺台灯

△ 布艺落地灯

△ 蚕丝吊灯

灯具的功能类型

第三节

一、吊灯

吊灯是室内空间常见的灯具之一，除了能够起到照明作用之外，还能起到很好的装饰效果。选购吊灯时，需要根据照明面积、照明要求等因素来选择合适的灯头数量。通常情况下，灯头数量较多的吊灯适合用于大面积空间，而灯头数量较少的吊灯适合用在小面积空间。

◆ 吊灯分类

从造型来说，吊灯可分为单头吊灯和多头吊灯，前者多用于卧室、餐厅，后者宜用在客厅、酒店大堂等，有些空间则采用单头吊灯自由组合。这两种吊灯在安装时离地面高度要求也不同，一般情况下，单头吊灯要求离地面 2.3m；多头吊灯离地面的高度一般要高于 2.3m，这样才能保证整个家居装饰的舒适与协调性。

△ 吊灯在室内设计中兼具功能性与装饰性

△ 单头吊灯

△ 多头吊灯

◆ 吊灯的配光方式

在装有吊灯的空间中，配光会随着灯具造型和光源的种类而改变。要整个空间比较明亮的场合，可以选择整体都会发光的款式；而只照射桌面的场合，则可以适用向下发光的款式，一定要按照需求来选择灯具。

配光种类	图示	特征	应用场所	使用光源
扩散型		·用球形玻璃灯罩让光扩散到各个方向 ·发光面积大、不刺眼	客厅、餐厅、卧室灯等起居用的空间	灯泡型日光灯
遮光型		·光只往下方照射 ·顶面会比较暗，可以和上方照明或间接照明组合使用	餐厅餐桌的上方等	灯泡型荧光灯、LED 灯泡、卤素灯等
透光型		·灯罩部分透光，与全方位型相似 ·光往下方强力照射	餐厅餐桌的上方等	灯泡型荧光灯等
直线型		·分为只照射下方和上下都进行照射两种类型 ·灯具细长，可以给人清爽的印象	餐厅餐桌的上方、书桌上方等	直管型荧光灯、直线型 LED 灯等

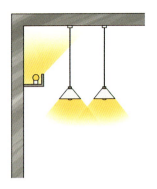

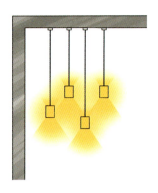

△ 带有遮光灯罩的吊灯，顶面会比较暗，因此要与间接性照明组合使用

△ 装设成组的小型灯具时，可在高度上做出变化，形成有如枝形吊灯般的气氛

△ 多盏吊灯高低错落地悬挂，即使不开灯时也具有很好的装饰效果

△ 带遮光灯罩的吊灯与暗藏灯带组合使用

◆ 吊灯风格

烛台吊灯是欧洲古典风格家居中最典型的灯具款式。一般以黄铜和树脂为主材，并在装饰性的花纹细节上带有精美设计。

水晶吊灯是吊灯中应用范围最广的，包括欧式水晶吊灯、现代水晶吊灯两种类型。

中式吊灯给人一种沉稳、舒适之感，能让人们从浮躁的情绪中回归宁静。选择中式吊灯时，需要考虑灯具的造型以及吊灯表面的图案花纹是否与家居装饰风格相协调。

△ 中式风格吊灯

△ 烛台吊灯更能凸显空间的庄重与奢华感

△ 欧式风格吊灯

吊扇灯比较贴近自然，所以常被用在复古风格当中，不仅东南亚风格常用，地中海风格和一些田园风格中也常应用，营造出轻松、随意的度假氛围。

具有现代感的艺术吊灯深受年轻业主的喜爱。这类吊灯款式众多，常见的有玻璃材质、陶瓷材质、水晶材质、木质材质、布艺材质等类型。

连体多点垂挂式吊灯可以用在故事性或主题性很强的区域空间中，塑造空间软装的多样性。

△ 吊扇灯兼具实用与装饰的双重功能，常应用于复古风格空间中

△ 连体多点垂挂式的吊灯

△ 现代风格吊灯

◆ 吊灯安装方式

从安装方式上来看，吊灯可分为线吊式、链吊式和管吊式三种。线吊式灯具比较轻巧，一般是利用灯头花线持重，灯具本身的材质较为轻巧，如玻璃、纸类、布艺以及塑料等是这类灯具中最常选用的材质；链吊式灯具采用金属链条吊挂于空间中，这类照明灯具通常有一定的重量，能够承受较多类型的照明灯具的材质，如金属、玻璃、陶瓷等；管吊式与链吊式的悬挂类似，是使用金属管或塑料管吊挂的照明灯具。

相较其他类型灯具而言，吊灯的重量往往比较重，并且长期处于悬挂状态，因而安装质量尤为重要，否则会有掉落的危险。如果顶面垂挂大型吊灯时，最好将其直接固定到楼板层。因为如果吊灯很重，而顶面只有木龙骨和石膏板吊顶，承重就会有问题。并且安装时必须注意安全问题，不能使用木塞或者塑料胀塞，必须用膨胀螺栓将吊灯牢牢固定。如果灯具总重量大于 3 千克，还需要预埋吊筋。一些挑高空间的大型灯具更换光源较为困难，建议使用寿命长的 LED 光源。

△ 大型吊灯宜直接固定在楼板层，以保证安装的牢固性

△ 线吊式吊灯

△ 链吊式吊灯

△ 管吊式吊灯

二、吸顶灯

吸顶灯的发光面积大，不容易形成明确阴影，是整体照明常用的灯具之一，有些款式还可以通过遥控器控制开关或进行调光。吸顶灯适用于层高较低的空间，或是兼有会客功能的多功能房间。因为吸顶灯底部会完全贴在顶面上，特别节省空间，也不会像吊灯那样显得累赘。一般而言，卧室、卫浴间和客厅都适合使用吸顶灯，通常面积在 10m² 以下的空间宜采用单灯罩吸顶灯，超过 10m² 的空间可选用多灯罩组合吸顶灯或多花装饰吸顶灯。

与其他灯具一样，可用来制作吸顶灯的材料很多，有塑料、玻璃、金属、陶瓷等。根据使用光源的不同，吸顶灯可分为普通白炽吸顶灯、荧光吸顶灯、高强度气体放电灯、卤钨灯等。不同光源的吸顶灯适用的场所也不同，层高低的空间照明可使用普通白炽灯泡、荧光灯的吸顶灯；层高较高的空间可使用高强度气体放电灯，荧光吸顶灯通常是家居、学校、商店和办公室照明的首选。

△ 中式风格吸顶灯

△ 黑白灰色调的空间中，适合选择暖色光源的吸顶灯

△ 现代风格吸顶灯

三、壁灯

壁灯可以固定在任何一面需要光源的墙上，并且占用的空间较小，因此应用广泛。无论客厅、卧室还是过道，都可以在适当的位置安装壁灯，如果是和射灯、筒灯、吊灯等同时运用，还可相互补充。壁灯造型丰富，大致可分为灯具整体发光的类型和灯具上下发光的类型，应依照想要呈现的方式来选择，优先考虑家具的位置，不可给生活造成不便之外，还应注意光发出的方向，以及到达顶面和墙面的距离。

△ 壁灯兼具局部照明与装饰的效果

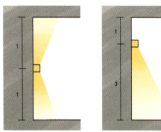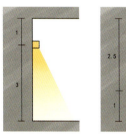

1. 上下都会发光的壁灯类型，最好装设在地面和顶面的中间
2. 下方发光的类型，最好装设在距顶面 $\frac{1}{3}$ 左右的高度
3. 上方发光的类型，最好装在距顶面 $\frac{3}{4}$ 的高度，注意不可以太低

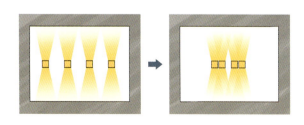

左：按照均等间隔距离配置的壁灯，墙面的亮度比较朦胧
右：两盏集中在一起配置的壁灯，墙面会显得比较亮，两组之间的间隔可以调整为一盏灯左右的宽度

△ 向上发光型壁灯

△ 整体发光型壁灯

配光种类	特征	应用场所
整体扩散型	用玻璃或聚碳酸酯等透光性的灯罩，让光扩散到整个空间	客厅、盥洗台、玄关等
上方配光型	·只让光往上方照射 ·有些灯具的构造会使光无法从下方看到，形成类似间接照明的效果	露天的客厅灯，想要突显顶面高度的空间
下方配光型	只让光往下方照射	顶面较低的过道或卧室等
上下配光型	·上、下两个方向都有光照射 ·光源无法被直接看到	顶面较高的玄关、客厅卧室等

客厅沙发墙上的壁灯不仅具有局部照明的效果，同时还能增加融洽的气氛；电视墙上的壁灯可以调节电视的光线，使画面变得更柔和，起到保护视力的作用。

卧室一般都需要辅助照明装饰，在床头安装的壁灯，最好选择灯头能调节方向的类型。灯的亮度也应能满足阅读的要求。壁灯的款式应该考虑和床品或者窗帘形成一定呼应，以达到比较好的装饰效果。

如果餐厅足够宽敞，推荐以吊灯为主光源，再配合壁灯作为辅助照明。如果餐厅面积不大，且整个餐厅都是靠着墙壁的，可以壁灯为主灯。

△ 欧式风格空间中，壁灯通常以对称的造型出现，营造具有仪式感的氛围

△ 电视墙两侧增加壁灯的设计，可以调节电视光线，同时增加规整感

△ 摇臂壁灯可自由调节光的照射方向

△ 卧室中的壁灯通常用以居住者靠在床上阅读的局部照明

小户型的书房应用壁灯，多考虑造型简约的单头壁灯，而较大户型的书房则有更多的选择空间。一般情况下，书房中选择可调节方向和高度的壁灯较为合适，还兼具台灯的功能。

玄关、过道等空间经常需要壁灯进行辅助照明，这些位置的壁灯应灯光柔和，安装高度应略高于视平线。使用时最好再搭配一些软装饰品，比如装饰画、带有插花的花器等，以取得更好的装饰效果。

儿童房的壁灯有非常多的款式，挑选的时候应考虑与墙面的其他装饰相匹配，以达到和谐一致的效果。例如，花瓣、月亮、星星等造型的壁灯显得非常活泼，整体看起来仿佛童话世界。需要注意的是，采用这种灯光设计需要在早期就选好墙面图案和灯具的形状，在墙面上定位好电线的位置，以确保安装无误。

△ 书房壁灯

△ 儿童房壁灯

△ 过道壁灯

四、台灯

台灯主要放在书桌、边几或床头柜上，作为书写阅读之用。台灯的种类很多，主要有变光调光台灯、荧光台灯等类型。此外，还有一种装饰性台灯，将其放在装饰架上或电话桌上，能起到很好的装饰效果。台灯一般在设计图上不特别标出，只在办公桌、工作台旁设置一至二个电源插座即可。

有时人们会在玄关柜上摆放对称的台灯作为装饰，一般没有实际的功能性。有时也会根据三角形构图的手法，摆放一个台灯与其他摆件或挂画协调搭配。

客厅中的台灯一般摆设在沙发一侧的角几上，属于氛围光源，装饰性多过功能性，在颜色和样式的选择上要注意跟周围环境协调，通常跟装饰画或者沙发抱枕形成呼应的效果最佳。中式风格客厅的台灯多以造型简单、颜色素雅的陶瓷灯为首选。

△ 玄关桌上对称摆设两个较高的台灯，中间搭配饰品，形成一组呈三角形构图摆设

△ 台灯是一种烘托空间氛围、用于局部照明的灯饰

△ 客厅中的台灯多为氛围光源，摆设于角几上方

书房的台灯应适应工作性质和学习需要，宜选用带反射罩、下部开口的直射台灯，即工作台灯或书写台灯。台灯的光源常用白炽灯、荧光灯等，白炽灯的显色指数比荧光灯高，而荧光灯的发光效率比白炽灯高，可按各人需要或对灯具造型式样的偏好进行选择。

卧室床头的台灯主要是用于装饰，同时也有局部照明功能。大多数床头台灯都为工艺台灯，由灯座和灯罩两部分组成。一般台灯的灯座由陶瓷、石质等材料制作而成，灯罩常用玻璃、金属、塑料、织物、竹藤等做成，两者巧妙组合，使台灯成为一件美丽的艺术品。

△ 为了适应工作性质和学习需要，书房中宜选用带反射灯罩、下部开口的直射台灯

△ 卧室中的台灯通常作为辅助照明，方便居住者夜间阅读之用

△ 具有定向光线的可调角度台灯是书桌区域的常用照明工具

现代灯光设计非常强调艺术造型和装饰效果，所以床头台灯的外观也很重要，一般灯座造型或采用典雅的花瓶式，或采用亭台式和皇冠式，有的甚至采用新颖的电话式等。台灯的灯罩原本是为了集中光线，提高亮度，但很多床头台灯的灯罩也可以起到很好的装饰作用，如穹隆式、草帽状等造型，可谓精彩纷呈。

五、落地灯

落地灯常用作局部照明，不讲究全面性，而强调移动的便利性，善于营造角落气氛。落地灯的合理摆设不仅能起到很好的照明效果，还有一定的装饰效果，不管是温馨自然的简约风格，还是粗犷复古的工业风格，一盏别致的落地灯都能让空间的光影格局更丰富更平衡。

△ 轻奢风格落地灯

△ 北欧风格落地灯

△ 中式风格落地灯

△ 简约风格落地灯

落地灯一般布置在客厅和休息区域，与沙发、茶几等配合使用，以满足空间局部照明和点缀装饰家庭环境的需求，但不适宜置放在高大家具旁或妨碍活动的区域里。此外，落地灯鲜少应用在卧室、书房中。

木质灯架与空间内其他家具配套，如果是布制的灯罩，若选用非中性色的颜色，还要考虑与窗帘、地毯、墙纸等室内色彩调和。

落地灯类型	图示	特征
直筒式落地灯		最为简单实用，使用较为广泛，是空间中提升气氛的重要工具，摆放时与沙发组合
曲臂式落地灯		最大优点就是可随意调整远近，配合阅读的姿势和角度，灵活性强，此外折线型的灯架造型感强烈，能很好地突显空间的美感
大弧度落地灯		最大优点就是光照面积大，垂直洒落的灯光有利于居住者读书阅报，相比上面两款对视力更好

配光种类	使用方法	应用场所
扩散型	光向全方位扩散	用在灯具高度较低的场合，可以在低处形成明亮的空间，营造出沉稳的氛围
直接型	通过可移动式灯架来调整光源	设置在沙发旁边，为手边提供亮光，但无法照亮顶面，必须与其他灯具搭配使用
透光型	采用透光性较高的灯罩，兼具扩散型与直接型的特征	用筒灯来当作整体照明的场合，顶面整体会比较暗，加上透光型的落地灯可以均衡光照效果

△ 落地灯的正确摆设方式

△ 相较于台灯，落地灯可以自由调节光照角度，并且与顶面的筒灯或射灯相结合，上下光源相互补充

　　摆设落地灯时应避免两个错误的方式，一是把落地灯放在沙发前方，这样人会很难放松下来；二是把落地灯放在沙发旁边，当人坐在沙发上时，有一些角度只能不可避免地直视光源，从而造成眼部不适。正确的摆设方式是把落地灯放在沙发后面。光从人的后方照过来，会增强人内心的安全感，从而使人放松下来。

六、地脚灯

地脚灯，又称入墙灯，一般作为室内的辅助照明工具。通常安装在过道或楼梯等地方，让地面的高低差突显出来，或是通过照射地面来确保脚边的光线。如果晚上去卫生间，开主灯会影响别人休息，而地脚灯通常光线较弱，安装位置较低，因此不会对他人造成影响。地脚灯可在夜间提供基本照明，同时还具有一定营造空间气氛的作用。此外，还具有体积小、功耗低、安装方便，造型优雅、坚固耐用等特点。

在室内安装地脚灯时，一般以距离地面 0.3m 为宜。如果既要照亮脚边，又不想让灯具的存在感太过强烈，则可以使用附带遮板的款式。

地脚灯所采用的光源有节能灯、白炽灯等。随着科学技术的进步，LED 灯现已开始大量应用。LED 地脚灯的光线非常柔和，而且还有无辐射、故障率低、维护方便、低耗电等优点。

△ 感应地脚灯可以根据人体移动感应，避免找不到灯具开关的尴尬，或者因为光线太亮而影响其他人休息

感应地脚灯的安装需要提前布线，在布线初期应预留好地脚灯的位置。感应地脚灯不需要开关控制，可以直接接通电源，它会根据环境以及功能实现自动工作。一般情况下，预留好零线与火线即可，因为这种灯具有感应功能，不必考虑开关问题。

△ 由于感应地脚灯一般安装在靠近地面的位置，所以即使在夜间使用，也不必担心它会给人带来安全隐患

七、筒灯

筒灯是比普通明装的灯具更具聚光性的一种灯具，嵌装于吊顶内部，它的最大特点就是能保持建筑装饰的整体统一，不会因为灯具的设置而破坏吊顶造型。筒灯的所有光线都向下投射，属于直接配光。由于嵌入筒灯的顶面本身会显得较暗，相比被照射的地面和桌面，空间整体的层高会得到强调，所以层高低的空间非常适合使用此种照明方式。根据灯管大小，一般可分为 5 寸的大号筒灯，4 寸的中号筒灯和 2.5 寸的小号筒灯三种。

筒灯孔径大小不同，房间给人的印象也会有所改变。孔径较大的筒灯可以增加灯具的存在感；孔径较小的筒灯，如果数量多的话也可形成星空似的顶面。一般高度为 2.4m 的顶面，建议使用直径 100~150mm 的开孔。

△ 方柱形筒灯

△ 圆柱形筒灯

△ 层高较低的空间中，可设置两排平行式排列的嵌入式筒灯作为空间主要照明灯具

△ 利用筒灯的点光源照明可以很好地营造温馨氛围

△ 现代风格居室中通常以筒灯点光源代替吊灯，作为空间的主要照明灯具

筒灯灯光照射的角度越宽广，光线就越容易扩散到整个房间，让影子变淡，同时地面的照度也随之变低。反之，如果照射角度较为狭窄，则只能照亮室内的特定部位，其他部分的影子也跟着变换。

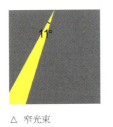

△ 窄光束

△ 中等光束

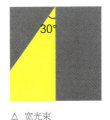

△ 宽光束

使用筒灯时，应综合考虑房间的功能和家具的摆设、使用者的活动路线等，配置适宜的方式和个数。要确定重点照明区域。如果房间的使用目的并不明确，选择半嵌入式或直接附着式等能够让光线扩散的方式是比较明智的选择。

使用 15W 灯泡型日光灯来当作筒灯的场合

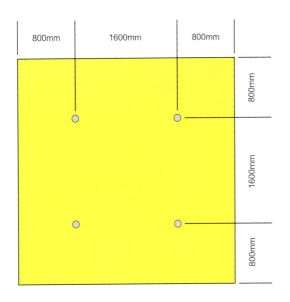

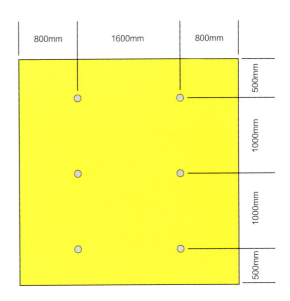

左：墙面为白色的场合反光率高，即便房间大小相同，所需的灯具数量也比暗色墙面的要少。
右：墙面颜色较暗的场合反光率较低，即便房间大小相同，所需的灯具数量也比白色墙面的要多。

若空间较大，选用筒灯作为主要照明灯具，则建议使用瓦数大、光线更为明亮的筒灯做恰当数量的分布，在需要主光源处作较密集的排布，次光源处作零星点缀，起到辅助光源的作用；若空间面积不大，则建议减少筒灯数量，或降低筒灯瓦数，避免出现过于密集，造成灯光刺眼的情况。

在挑选筒灯时，首先要确定安装方式。一般筒灯分为嵌入式和明装式两种。通常层高较低的住宅户型运用嵌入式筒灯更合适，这样可以在视觉上产生拉伸顶面高度的效果，避免逼迫感。而对于那些层高较高的空间，比如别墅、复式等住宅，嵌入式筒灯虽然也可作为优选，但明装筒灯的运用限制更少。

△ 嵌入式筒灯

1.石膏板打孔，预留电源线　　2.连接电源与灯具驱动

3.调整安装卡扣　　　　　　　4.连接电源与灯具驱动

△ 筒灯 + 灯带相结合的照明方式

△ 明装筒灯

△ 筒灯 + 灯带相结合的照明方式

八、射灯

射灯既能作主体照明，满足室内采光需求，又能作辅助光源，烘托空间气氛，是典型的现代流派灯具。由于射灯可自由变换角度的特点，能够带来千变万化的组合式照明效果。

射灯的光线具有方向性，而且在传播过程中光损较小，将其光线投射在摆件、挂件、挂画等软装饰品上，可以完美的提升装饰效果，而且还能达到重点突出、层次丰富、气氛浓郁、缤纷多彩的艺术效果。此外，射灯也可以设置在玄关、过道等位置作为辅助照明。在各种灯具中，射灯的光亮度是最佳的，但如果使用不当，容易产生眩光。因此，应避免将射灯直接照射在反光性强的物品上。

△ 轨道射灯的特点是可按需移动、灵活照明

△ 将两排射灯作为电视墙和沙发区域的重点照明

△ 工业风格空间多偏暗，可以通过射灯来增加点光源的照明

如果选择装设射灯，在设计阶段就应决定好装设的位置和数量，还要考虑到装设环境的用途和家具的摆设方式。

△ 注意电视与沙发的摆放

△ 注意家具的高度与位置

　　轨道射灯除具有射灯的特点之外，其突出之处还在于需安装在专用轨道（三线或四线）上，可根据实际照明需求调整灯具在轨道上的位置。在应用方面，轨道射灯一般都可以水平 355°、垂直 90° 调节投射方向，投射方式十分灵活。一般一条照明轨道所能装设的投射灯的最高数量取决于固定螺栓的总数。如果在同一条照明轨道上装设大量射灯，一般住宅顶面的高度会让照明器具变得相当显眼，1m 长的轨道上装设射灯数最好不超 3 个。

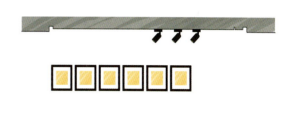

△ 顶面开槽，轨道置于槽内安装

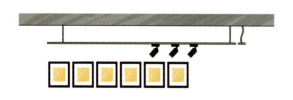

△ 轨道可实现吊线安装

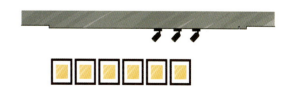

△ 轨道明装在顶面

常见风格的灯具特征

第四节

一、北欧风格灯具

北欧风格和工业风格中，灯具有时候会有交叉之处，看似没有复杂的造型，但在工艺上是经过反复推敲的，使用起来非常轻便并且实用。简单和时尚并存的北欧风情家具，可以搭配具有年代感的经典灯具设计，更能提升整体质感。选择灯具时应考虑搭配整体空间使用的材质，以及使用者的需求。

在灯具的选择上，北欧风格清新，强调材质原味，适合造型简单且具有混搭的灯具，例如白、灰、黑等原木材质的灯具。浅色系的北欧风格空间中，如果出现玻璃及铁艺材质，可以考虑挑选有类似质感的灯具。此外，北欧风格的装饰中有很多几何元素，灯具也不例外，例如，将一根根金属连接铸成各种几何形状的灯具，中间镶入一盏白炽灯，即可打造出极简的北欧风格。

△ 自然材质的灯饰透露出一种原生态的气质

△ 为餐厅提供主光源的长臂壁灯，构思巧妙而富有趣味性

△ 高低错落悬挂且色彩形成对比的灯具起到活跃空间的作用

北欧风格经典灯具

◆ 分子灯

分子灯是设计师 Lindsey Adelman 的作品，造型酷似分子结构，以极具流畅的线条和满足各种 DIY 控的可调节造型，搭配手工吹制的红酒杯灯罩而闻名，成为最经典的灯具之一。这款灯具有造型别致的外形，支架结构和灯头数量多变，可以适用于多种空间，并且不失为完美的艺术品。

◆ 树杈吊灯

树杈吊灯通常是手工制作的，外观呈不规则的立体几何结构，使用了铝＋亚克力的材质制作而成。它线条清晰，衔接角也比较有立体感。即使在不发光时也能表现出时尚而又美观的气息。

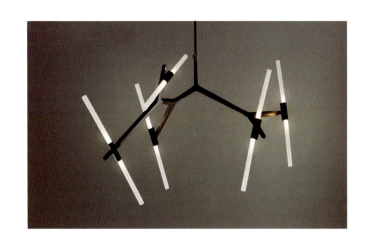

◆ 乐器吊灯

乐器吊灯是设计师从印度黄铜容器获得灵感设计而成，这种吊灯分为小号长锥型、大号宽广型、中号饱满型。以黑色灯罩居多，圆润的亚光黑色表面与灯罩内部的黄色组合，显得既神秘又热情，令人感受到一种异域风情。

◆ 魔豆吊灯

　　魔豆吊灯的设计灵感来源于蜘蛛，它由众多圆形小灯泡组合起来，铁艺与玻璃的组合带来独一无二的美丽，同时灯罩具有通透性，使用者可以轻易调节光线照射的方向，为空间创造惊喜和美感。

◆ 极简球形灯 /IC LIGHTS

　　IC LIGHTS 系列的极简球形灯具，可以说将极简发挥到极致。它由一根或直或弯的黄铜色支架，以及一个乳白色的吹制玻璃球组成，其几何美感让人无法抗拒。随便放在家里的任何角落，它都既能发散出暖黄色的温馨灯光，又能制造出黄铜华丽的高级感。

◆ Slope 吊灯

　　Slope 系列灯具由意大利家具品牌 Miniforms 和米兰设计师 Stefan Krivokapic 合作设计。Slope 吊灯的主干一般用实木制成，灯罩由黄、白、灰三种颜色组成，造型也各有不同，三个灯罩的组合为北欧风格的家居空间带来了活泼的气氛。

◆ Simithfield 灯

Simithfield 灯的设计师是 Jasper Morrison，由意大利 Flos 公司生产。灯的主要材质是铝，颜色有黑色、白色和灰色三种，分为吊灯和吸顶灯两款。悬挂时需刻意拉长灯线，保持弯曲的感觉。

◆ Coltrane 吊灯

Coltrane 吊灯带有浓厚的极简主义和工业气息，竹筒的造型可通过调整线的长度产生不同的倾斜角度。每一个灯柱都独立存在，又相互结合成为一个整体，让光线有更多的展现空间。

◆ AJ 系列灯

AJ 系列灯具包括壁灯、台灯、落地灯三种，其中壁灯不管是室内还是室外都适用，AJ 系列灯具的材质都是精制铝合金，线条简洁，造型流畅，没有多余的按钮，辨识度极高。

◆ PH5 吊灯

PH5 吊灯适用于多种场合，其有着丹麦设计中典型的简约特质，圆润流畅的线条及独特质感散发出迷人的味道，即使是单一的纯色，也可为空间添上一抹神秘且静谧的气质。

二、工业风格灯具

在工业风格空间中，灯具的运用极其重要。工业风格灯具的灯罩常用金属材质的圆顶造型，表面经过搪瓷处理或者使用仿镀锌铁皮材质，而且常见以绿锈或者磨损痕迹的做旧处理。很多工业风格空间中常将表面暗淡无光与明光锃亮的灯具混合使用。

早期的工业风格灯具大多带有一个金属网罩用于保护灯泡，因此网罩便成为工业风格灯具的一大特点。发展到今天，网罩灯具常用金属缠绕管制造，材质包括铝、不锈钢、镀锌钢和黄铜等，制造出别具特色的台灯、落地灯、壁灯和吊灯。

除了金属机械灯之外，也可运用同为金属材质的探照灯，其独特的三角架造型好似电影放映机，不但能营造十足的工业感，还有画龙点睛的作用。另外，也可选择带有鲜明色彩灯罩的机械感灯具，在美化空间的同时，还能平衡工业风格冷调的氛围。

△ 珐琅金属灯具

△ 网罩灯具

△ 三角架探照灯

△ 带网罩的吊灯让人仿佛走进工业时代，感受着不一样的艺术形式

△ 工业风格家居中常见金属圆顶形状的吊灯，表面带有磨损的痕迹

双关节灯具最容易创造工业风格，简约而富有时代感，除了台灯之外，落地灯、壁灯、吸顶灯也具有类似风格，简洁的线条、笔直的金属支架、半球灯罩，没有过多浮华粉饰，却尽显岁月沧桑。

迷恋工业风格的人们一定都对各式裸露的钨丝灯泡情有独钟，昏暗的灯光，隐约可以看到不同钨丝缠绕的纹理，能提升整个室内空间硬朗的工业风气质。

粗犷的麻绳吊灯是工业风格设计的一个亮点，保留了材质原始质感的麻绳和现代感十足的吊灯相结合，对比强烈，也体现了居住者不俗的艺术品位。

因为工业风格整体给人的感觉是冷色调，色系偏暗，可以使用射灯来增加局部空间的照明，舒缓工业风格居室的冷硬感，射灯灯具也具有很强的装饰性。

△ 双关节灯

△ 工业风格家居常用裸露灯泡的吊灯造型

△ 麻绳灯

◆ Dear Ingo 吊灯

Dear Ingo 吊灯是 2005 年由 Ron Gilad 设计的，灵感来源是悬臂式台灯，他将 16 支独立物件组合成一支气势磅礴的大型吊灯，每一支的角度皆可依所需的照明效果自由调整，不但实用且装饰性效果极强，把一个原本并不起眼的吊灯瞬间变成整个空间的重点。

◆ 机械手臂灯

机械手臂灯由法国工程师伯纳德·阿尔滨·格拉斯于 1922 年设计，不用焊接，也没有螺丝，将工程力学的精巧技术发挥到极致。原为办公或工业环境使用，后来逐渐变成一种在家居和商业空间中都越来越普及的摇臂灯。

◆ Anglepoise 悬臂式台灯

诞生于 1932 年的 Anglepoise 灯具可以说是悬臂式台灯的先驱，它是 20 世纪最经典的灯具之一，也是设计史上被复制、模仿最多的产品之一。

◆ Potence 灯

由法国设计师普鲁威于 1950 年设计，灯具的结构可以说极为简单，从墙壁上伸出长长的灯臂，再加上一颗灯泡，既融合了巧妙的工程设计与优雅的造型，又让照明设计回归本质。

◆ Original BTC 吊灯

英国 Original BTC 品牌由彼得·鲍尔斯于 1990 年创立。Original BTC 旗下还有两个品牌，分别是 Davey Lighting 和 LED lighting。Original BTC 灯具从英国丰富的后工业化历史中汲取灵感，结合了最新的现代技术和复古技术，备受欢迎。

三、轻奢风格灯具

轻奢风格的灯具在线条上一般以简洁大方为主，装饰功能远远大于功能性。造型别致的吊灯、落地灯、台灯以及壁灯都能成为轻奢风格重要的装饰元素，还有许多利用新材料、新技术制造而成的艺术造型灯具，让室内的光影变幻无穷。其中表面经过电镀处理的金色金属灯具是轻奢风格空间中具有代表性的装饰元素。

全铜灯主要以黄铜为原材料，并按比例混合一定量的其他合金元素，使其耐腐蚀性、强度、硬度和切削性得到提高。轻奢风格空间中的全铜灯线条简洁，常见的有台灯、壁灯、吊灯、落地灯等类型。

△ 金属落地灯

△ 手工敲打全铜灯

△ 金属台灯

△ 金属吊灯

在轻奢风格空间中，如果客厅或餐厅的面积较大，可以考虑选择水晶灯作为主要灯具。晶莹剔透的水晶和玻璃灯具以其绚丽高贵、梦幻的气质，为轻奢风格的家居空间带来华丽大方的装饰效果。为达到水晶折射的最佳效果，最好选用不带颜色的透明白炽灯作为水晶灯的光源。别致的灯具是轻奢美学与建筑美学完美结合的产物。

轻奢风格的灯具除了用于满足照明需求外，还具有无可替代的装饰作用。艺术吊灯可以为轻奢风格空间增添个性气息，并且以其缤纷多姿的光影，提升空间的品质感。艺术吊灯的材质以金属居多，金属特有的延展性为富有艺术感的灯具造型带来了更多的可能性，并且以其精简的质感，将轻奢风格简约精致的空间品质展现得淋漓尽致。

△ 艺术吊灯具有随性而不规则的特点，成为视觉焦点的同时可轻松打造出轻盈、灵动又不失精致格调的空间语境

△ 加入金属与水晶材质的台灯与床头柜的材质相呼应，轻奢气质油然而生

△ 在面积相对较大的轻奢风格空间中，可以考虑用水晶灯作为主要照明灯具

四、法式风格灯具

法式风格家居空间中常用水晶灯、烛台灯、全铜灯等灯具类型，造型上要求精致细巧、圆润流畅。例如，有些吊灯采用金色的外观，配合简单的流苏和优美的弯曲造型设计，可给整个空间带来高贵优雅的感觉。

水晶灯起源于欧洲十七世纪中叶的洛可可时期。当时欧洲人对华丽璀璨的物品及装饰尤其向往追求，水晶灯具便应运而生，并大受欢迎。洛可可风格的水晶灯灯架以铜制居多，造型及线条蜿蜒柔美，表面一般会镀金加以修饰，突出其雍容华贵的气质。

烛台灯的灵感来自欧洲古典的烛台照明方式，那时人们在悬挂的铁艺上放置数根蜡烛。如今很多吊灯设计成这种款式，将蜡烛改成了灯泡，但灯泡和灯座还是蜡烛和烛台的样子，将这类吊灯应用在法式风格的空间中，更能凸显庄重与奢华感。

全铜灯是以铜为主要材料的灯具，源于欧洲皇室建筑装修，注重线条、造型以及色泽上的雕饰，将奢华风和复古风完美融合到一起。

△ 璀璨耀眼的水晶灯衬托出法式风格的华贵典雅

△ 金属底座的水晶台灯

△ 灵感源自欧洲古代的烛台灯体现出优雅隽永的气度

五、日式风格灯具

日式风格的灯具样式遵循日式一贯的朴素实用的原则，选材上特别注重自然质感，原木、麻、纸、藤编、竹子等材质被普遍应用。

传统日式风格的灯具在材质及外形的设计上和传统中式灯具有相同之处。所以在打造传统日式风格空间时，除了运用日式传统灯具以外，还可混搭造型较为简洁，体量轻巧、颜色朴素的中式灯具。比如一些藤编灯、灯笼灯等都是不错的选择，禅意韵味十足。日式现代风格简约自然的气质和北欧风也有很多相似之处，特别是 MUJI 风的新日式空间，搭配一些造型简洁、颜色丰富、富有设计感的北欧灯具，会让空间更具轻松自在的氛围。

由于日本地少人多，通常家居空间的面积都不会很大，而且层高也较为局限，因此在灯具的选择上一般用吸顶灯作为主照明，解决了低矮空间局限的问题。自然淡雅是日式木质吸顶灯设计的主要特点。其颜色保持着木质材料的原有色泽，不加过多的雕琢和修饰。考虑到日式风格的空间是纯框架结构，因此在灯具的设计上也常采用清晰的装饰线条，利用简单的序列线条增加空间的体量感，让整个日式风格的居室布置呈现出优雅、清洁的感觉。

△ 木质落地灯

△ 竹编吊灯

纸质灯是日本早期室内设计中非常具有代表性的灯具，日式纸质灯受到中国古代儒家以及禅道文化的影响，传承了中国古代纸灯的文化美学理念，并且结合了日本的本土文化，逐渐演变而来。在日本文化中，明和善是神道哲学的重要内容，这个时期的纸质灯也更加体现出了对这一文化的尊重。日式纸质灯主要由纸、竹子、布等材料制作而成。纸灯的形状、颜色以及繁简之间的变化体系都与中式纸灯有着很大的区别。

　　日式石灯最早是作为日本古典庭院的装饰灯具，以其古典优雅的气质见长，被引入家居设计中。在日式风格中，石灯笼的灯光有着非常独特的装饰作用，它给予空间白昼和黑夜光与景的融合。从石灯笼灯光的设计角度来看，并没有采用完全照明的方式，而是以光源作为路引，采用局部照明使光线分布均匀，让整个空间的厚重感更显著。因此日式石灯笼不仅可以为家居提供辅助照明，而且还增添了古朴而优雅的气质。

△ 日式石灯笼最早应用于日本古典庭院的设计，主要用于庭院照明

△ 纸灯笼在日本被作为传统工艺传承，它是一个怀古的象征物，也是生活中不可或缺的用品

△ 日式纸质灯受到中国古代儒家以及禅道文化的影响，适合营造禅意氛围

六、新中式风格灯具

新中式风格灯具整体设计源于中国传统灯具造型，并在传统灯具的基础上注入现代元素，不仅简洁大气，而且形式十分丰富，呈现出古典与时尚相结合的美感，比如，传统灯具中的宫灯、河灯、孔明灯等都是新中式灯具的演变基础。灯具除了满足基本的照明需求外，还可将其作为空间装饰的点睛之笔。

△ 新中式风格的灯饰往往会在装饰细节上注入传统中式元素，为室内空间带来古典美

△ 新中式风格的宫灯延续了古代宫灯的样式，悬挂于挑高空间，气质典雅清新，又具有复古意味

△ 河灯

△ 宫灯

△ 孔明灯

布艺灯由麻纱或葛麻织物等作灯面制作而成，是富有中国传统特色的灯具之一。布艺灯的造型多为圆形或椭圆形，其中红纱灯也称"红庆灯"，此灯通体大红色，在灯的上部和下部分别贴有金色的云纹作为装饰，底部则配以金色的穗边和流苏，整体美观大方，寓意喜庆吉祥。随着时代的发展以及历代灯具工匠的努力，新中式风格空间中的布艺灯在材质的选择上更加广泛，而且制造工艺水平也越来越高。

除了一些木质灯具之外，陶瓷材质的灯具在新中式空间中也较为常见。新中式风格陶瓷灯的灯座上往往带有手绘的花鸟图案，装饰性强，并且有着吉祥的寓意，如同一件艺术品般增添空间的气质。

△ 中式空间中常见的陶瓷灯以台灯居多，做工精细，质感温润，仿佛一件艺术品

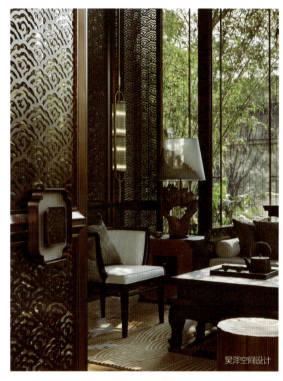

△ 布艺灯　　　　　△ 陶瓷灯

△ 根艺灯具属于根雕艺术的延伸，突破了传统根艺仅限观赏的局限

△ 中式传统纹样在金属灯具中的应用

在中国古代，金属是一种稀有资源，是身份与地位的象征。华丽的宫殿装饰和金属工艺品都是中国历史文化的组成部分。新中式风格的金属灯具继承了传统灯具的精髓与内涵，以简约的直线作为灯具的主体，舍去华而不实的雕刻外形，展现出更加简约、时尚的气质，并且更加符合现代人的审美观念。

常见的新中式风格金属灯具主要以铁艺、全铜为框架，有些也会采用锌合金材料，部分灯具还会加上玻璃、陶瓷、云石、大理石等，所有材质的使用都是为了凸显新中式灯具的奢华与高雅。例如，铁艺材质的鸟笼灯是将鸟笼原本的功能加以创新变化，制作成灯具，是新中式风格中十分经典的装饰元素。

△ 黄铜材质的中式落地灯加上中式玉佩的点缀，将现代与传统完美结合

△ 自然材质的鸟笼灯应用在新中式空间中，可给人一种放松感和宁静感

△ 将中国传统元素融入中式金属灯具中，也是传承至今的一种默契与共识

七、东南亚风格灯具

东南亚风格灯具在设计上融合西方现代概念和亚洲传统文化，通过不同的材料和色调搭配，在保留自身特色之余产生更加丰富的变化。东南亚风格的灯具一般颜色比较单一，多以深木色为主，给人以泥土与质朴的气息。为了接近自然，大多就地取材，如贝壳、椰壳、藤、枯树干等天然元素都是东南亚风格灯具的制作材料，很多还会装点类似流苏的装饰物。

东南亚风格的灯具造型具有明显的地域民族特征，很多都是采用象形设计方式，如铜制的莲蓬灯、手工敲制的铜片吊灯，大象等动物造型的台灯等。

△ 东南亚风格铜制台灯

△ 大象造型的台灯

△ 东南亚风格木艺灯

△ 独具东南亚特色的印花伞形布艺吊灯

东南亚国家大多喜欢以纯天然的藤、竹、柚木制作工艺品。藤灯便是东南亚风格藤器中常见的一种。其灯架和灯罩都是由藤材料制成的，灯光透过藤缝投射出来，斑驳流离，朦胧摇曳，美不胜收。藤灯既可用作家居照明，也可作为艺术装饰品。

如果空间较小，但又想用吊灯表现东南亚风情，不妨考虑运用木皮灯。其灯罩是由很薄的一层木皮经过细致加工和处理之后，通过特殊工艺制作而成的。木皮灯的重量较大，相对藤编灯更吸引人的目光，而且当灯光通过木皮灯罩时，隐约的灯光显得更加朦胧，艺术气息浓厚。但要注意的是，木皮灯的灯光较暗，需要与其他局部照明结合使用。

△ 藤编吊灯

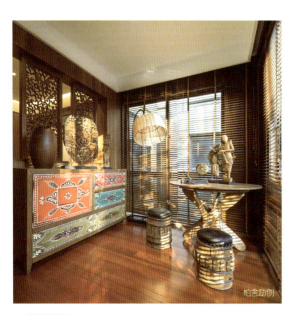

△ 藤制落地灯

△ 木皮灯贴近大自然的颜色，很好地诠释了东南亚风格的特点

东南亚风格的灯具注重纯手工制作，提取原汁原味的大自然材料。竹编灯在东南亚地区普遍流行，手工编制而成的美观造型彻底打破一成不变的设计，不但营造出惬意的灯光氛围，而且给人以耳目一新的观感。而且竹编灯相对藤编灯、木皮灯的透光度高。再加上竹子的颜色普遍为浅色，只要合理搭配，竹编灯在不关灯时也有亮度与装饰上的优势。

吊扇灯既有装饰性，又有实用性，可以表达出舒适休闲的氛围。抛却层高影响，它可以在换季的时候起到流通空气的效果，东南亚风格的空间中常见铁艺或实木材质的树叶造型吊扇灯。

△ 热带植物树叶造型的吊扇灯展现出不同的风姿，很好地呈现出东南亚风情

△ 竹编吊灯

△ 竹编灯取材自然，还可以为空间增添艺术氛围

八、地中海风格灯具

地中海风格灯具的灯臂或者中柱部分常常会进行擦漆做旧处理，这种设计方式除了让灯具显示出类似欧式灯具的质感，还可以展现出被海风吹蚀的自然印迹。此外，现代地中海风格灯具在造型上也有很多的创新，比较有代表性的是风扇造型和花朵造型的吊灯，在灯罩上运用多种色彩或呈现多种造型，而壁灯往往设计成地中海独有的美人鱼、船舵、贝壳等造型。

铁艺制品是地中海风格的家居空间中必不可少的元素之一，例如铁艺家具、铁艺壁饰和铁艺灯。铁艺吊灯虽不如欧式水晶灯奢华耀眼，但更适合地中海自由、自然、明亮的装饰特点。这类灯具一般都以欧式的烛台等为原型，尺寸可大可小，在地中海风格中作为客厅的主灯使用。

△ 地中海风格灯具常用铁艺、麻绳等材质，体现质朴自然的特点

△ 以欧式烛台为原型的地中海风格铁艺灯

△ 做旧处理的灯具展现出被海风吹蚀的自然印迹

马灯指的是一种过去常悬挂在马背上的煤油灯，携带较为方便。它造型别致，黑色金属的质地和透明玻璃的组合有一种别样的古老气息，恰好符合地中海风格的特质。在实际使用中，可以将它作为床头灯或者手电使用。

在北非地中海风格中，经常还能看到摩洛哥元素，其中摩洛哥风格灯具独具异域风情，如果把其运用在室内，很容易就能打造出独具特色的地中海民宿风格。除了悬挂之外，也可以选择一盏小吊灯摆在茶几上。但在搭配时需注意尺度，有一盏小小的灯点缀即可，千万不要挂满。

蒂凡尼灯具的风格较为粗犷，风格与油画类似，最主要特点是可制作不同的图案，即使不开灯都仿佛是一件艺术品。因为彩色玻璃是由特殊材料制成的，所以灯具颜色永不褪色。另外，由于这种玻璃的特殊性，其透光性跟普通玻璃会有很大的差别，普通玻璃透出来的光可能会刺眼，而蒂凡尼灯具的透光效果柔和而温馨，能为房间营造出独特的氛围。

△ 使用摩洛哥风格灯具为室内空间增添别样的异域风情

△ 仿古马灯

△ 蒂凡尼灯饰由彩色玻璃制作而成，不开灯状态下也是一件装饰品

九、后现代风格灯具

　　抽象且富有艺术感是后现代风格灯具的最大特点，其材质一般采用具有金属质感的铝材、黄铜及另类气息的玻璃等，后现代风格的灯具追求艺术气质，富有张力，不是一味追求表面造型的华美及过分的装饰，而采用后现代常用的混合、叠加、错位、裂变等手法设计成几何型、流线型、不规则树枝型等等，呈现出极具生命力、不受束缚的特性。在强调个性的同时，又注重与背景环境的搭配与融合，使灯具在满足功能要求的前提下，外观造型尽可能的特立独行。

△ 后现代风格的灯具一般采用具有金属质感的铝材、黄铜及另类气息的玻璃

△ 后现代灯具常用混合、叠加、错位、裂变等手法设计成几何型、流线型或不规则树枝型等

在后现代风格空间里，比起基本的照明功能，更多的是强调灯具的装饰作用。比如，搭配一盏艺术气质的吊灯可以为后现代风格的家居增添几分艺术气息，其缤纷多姿的光影，提升了后现代风格空间的品质感。艺术吊灯的材质以金属居多，金属的延展性为富有艺术感的灯具造型带来了更多的可能性，并且以其精炼的质感，将后现代风格别具一格的生活态度展现得淋漓尽致。

除了吊灯、落地灯、台灯外，嵌入式射灯和绳索式吊灯也是后现代风格中常见的灯具。此外，还有许多利用新材料、新技术制造而成的艺术造型灯具，让光影变幻无穷，给后现代风格的空间增添前卫和时尚的年轻息气，将个性态度尽情彰显。

△ 造型夸张的落地灯

△ 后现代风格的艺术吊灯富有个性，即使不开灯也是一件令人赏心悦目的装饰品

十、装饰艺术风格灯具

装饰艺术风格又称 Art Deco 风格，最早出现在建筑设计领域，起源于巴黎博览会，成熟于二十世纪二三十年代美国的摩天大楼建设时期，本身是现代工业的产物。随着装饰艺术风格建筑的出现与盛行，装饰艺术风格的室内设计也应运而生，作为新艺术运动的延伸和发展，完成了从曲线向直线，最后趋于几何的转变。装饰艺术风格造型上的全新现代内容，体现出强烈的时代感，是当时的欧美中产阶级非常推崇的一种室内装饰风格。

装饰艺术风格的灯具造型以流线型和简单的几何造型组合为主，不仅造型精美，做工也十分细致，灯具的整体造型显得华贵而高雅，充满浓郁的贵族气息。

总体来讲，装饰艺术风格的灯具具有和室内其他软装一致的戏剧性、优雅感和未来感。在灯具的选材上，往往会大量采用不锈钢、铜和玻璃等材质，灯具的玻璃表面常常会用蚀刻和涂珐琅的手法加以处理，此外白玻璃和艺术玻璃形式的彩色玻璃也常被运用于装饰艺术风格的灯具设计上。

△ 阶梯状向上收缩的造型灯具

△ 装饰艺术风格的灯具以流线型和简单的几何图形组合为主，充满浓郁的贵族气息

△ 位于上海外滩的和平饭店是装饰艺术风格的杰作，空间中的灯具给人以复古的美感

几何元素是装饰艺术风格里最为明显的特征之一。简约而独特的几何元素在其灯具上也有所体现。几何结构的吊灯造型设计，通过不同的形体线条使空间充满动态化的视觉节奏，为空间带来了更为强烈的动感和时尚感，从而形成了特殊的抽象美。此外，几何吊灯的材质一般以银色、黑色、金色的金属灯架，加白色玻璃灯罩的搭配为主，整体展现简洁中带有个性的气质。

别致的灯具是装饰艺术与建筑美学完美结合的产物。壁灯一般是作为装饰艺术风格空间的辅助照明，其整体结构呈流线形、几何形、竖长形等造型。

装饰艺术风格壁灯一般由铜、钢材或者镀银的金属基座与乳白色或彩色的玻璃灯罩组成。

△ 几何造型吊灯

△ 几何造型壁灯

△ 几何结构的吊灯设计形成特殊的抽象美

世界知名品牌灯具赏析

第五节

 ## 一、FLOS 灯具

Flos 一词来自拉丁语的"花"。FLOS 品牌于 1962 年在意大利的梅拉诺市创立，成立之初就在优质家具、照明领域中脱颖而出，这不仅因为当时轰动一时的风格创新，还因为他们引入了新型材料进行设计和生产，并与出色的艺术家们合作。历经半个多世纪，FLOS 创造了一系列的明星产品，其经典的简约流线造型与贵族风范，至今引领着整个灯具行业。

与意大利其他名牌不同，FLOS 品牌的创立者并不是设计师，而是一位灯具制造商。FLOS 灯具一直与多位世界顶级知名设计师合作，他们不断革新灯具设计理念，突破现有生产工艺，同时又延续了意大利品牌传统。

Arco 落地灯不仅是 FLOS 的创业成名之作，也成为抛物线灯的经典范例。全天然的大理石材基座，原汁原味的爵士白大理石花纹，基座打空孔的设计目的是方便搬运。抛物线灯身吊杆为抛光不锈钢材质，灯罩为亮银色，上方钢孔的设计使灯具在主要的投射光源之外也有微晕向上的投射微光。弯曲可伸缩的不锈钢杆，完美的抛物线设计，不仅灵活解决了灯与台面的距离问题，其优美的几何造型堪称艺术臻品。与家具的巧妙搭配，让其成为后世设计师们争相收藏的珍品之一。

△ Arco 落地灯

FLOS 品牌从创始以来，就代表着现代风格与古典风格的统一与融合。其许多明星产品被业内专家视为"贵族"，例如 Taccia（雷达）灯便被誉为"灯具界的奔驰"。这盏灯由铝、玻璃以及特殊的冰铜打造而成，是材料融合的先驱。

在 FLOS 和"光之诗人"Michael Anastassiades（迈克尔·阿纳斯塔西德）的合作中，最热门的产品莫过于 LC 系列灯具。种类繁多的 LC Lights 具有极其简洁的线条，干净利落，一经上市就异常火爆，广受好评。

△ Taccia（雷达）灯

△ 极简球形灯 IC LIGHTS

二、Tom Dixon 灯具

Tom Dixon（汤姆·迪克森）是世界上最知名的工业风格灯具品牌，其产品遍布世界各地的餐厅、酒吧、住宅项目等。工业与创新是英国设计鬼才 Tom Dixon 及其同名品牌的风格标签，作为当代英伦家居风格的代名词，他们的产品涵盖灯具和家具，远销全球六十多个国家，同时也是全球各大酒店、餐厅和博物馆力邀的设计专家。

Tom Dixon 是一个不安分的创新者，主要从事照明、配件和家具方面的工作。1987 年，由他设计的"S Chair"被伦敦 V&A 博物馆永久收藏，之后他通过一系列不同的设计生活不断地重塑自己，在 2002 年发起同名品牌，重新思考产品设计师与行业的关系。Tom Dixon 的设计理念是"从骨头开始向外设计"，抛弃表面，注重产品内部的结构与构造。

Tom Dixon 品牌曾邀请北印度的匠人以纯手工的铸造方式，将传统器皿和平底锅的造型，转化为 Beat 灯具系列。材质上选用实心黄铜，内部的金色与外部的黑色形成鲜明对比。这款灯具延续了印度北部工匠的手工技能，其起源是一艘经过重新设计的水船，有粗壮、高、肥、宽四种形状以及四种颜色。Beat 灯具系列可以用于不同的空间和场景中，单独或利用多种形状组合悬挂，能够营造出戏剧性的效果。

△ Tom Dixon 作品的造型简洁且充满科技工业风格，是生活美学与前卫技术的完美结合

△ 英国设计师 Tom Dixon

△ Beat 灯具系列

Melt 灯具系列是 Tom Dixon 品牌最经典的款式之一。设计师通过创建一种自然主义的照明灵感，将玻璃塑造成一种不规则的形状，就像融化的冰川内部，或深邃的图案。Melt 灯具系列已经风靡欧美设计界十多年，至今仍是畅销单品。许多商业空间都会选用这款产品来增加艺术气质。该款吊灯可以拆分为不同组合，形状各不相同，丰富而不寻常。其真空金属外壳还可产生镜像效果，开灯时则产生半透明的效果。

△ Melt 灯具系列

Void 灯具系列的设计是受真空瓶的启发，灯罩由多条高性能弹簧钢制成，表面镀成白色或黄铜色。

△ Void 灯具系列

Stone 灯具系列由 Morwad 大理石制成，带有优雅的黄铜细节。精心切割的大理石细密地包裹着光源，开灯时散发出柔和而又充满活力的光芒。灯具随附的 LED 光源具有独特的镜面金色色调，给人一种漂浮的金色地球的错觉。

△ Stone 灯具系列

三、Slamp 灯具

Slamp 品牌创立于 1994 年，发展至今，其独特的设计和优越的产品性能深受人们的喜爱。Slamp 公司致力于装饰灯具，善于捕捉最新的趋势，利用自然世界和建筑学、服饰艺术的发展，将它们转化为具有启发性和通用性的发光体。

Slamp 的经典灯具系列常用于欧洲高端酒店、创意空间及高端住宅样品屋。设计师善于从大自然和建筑物中汲取灵感，结合精湛的技艺，转化为具有启发性和千变万化的灯具产品。

在现代空间设计中，设计师经常会选用单一色调作为整体风格的基调，通过简洁明快的色彩渲染出一种休闲、放松的空间氛围。Slamp 灯具就采用类似的手法，巧妙地将自然元素融入灯具设计当中，以优雅内敛的纯白色调渲染空间，让柔美的灯光充斥室内的每一个角落。

Slamp 公司使用了一种新型材料和特殊的手工组装零件，赋予生活一个豪华、形象的家居生活。该品牌之所以成功，在于对新材质的猎奇心理和反复试验，既结合了设计师对产品的直觉和灵感，又加上可行的工程方案来加以实现。

Nuvem 吊灯给人的最初印象是如同一个真正的"天花板"，实际上它是大量双向聚光灯（GU10）的集合体。通过无限的组合，以折叠和连接形的方式塑造一个大面积的六边形截面，又如同一个漂浮状的华丽景观得以填充空间。

△ Nuvem 吊灯

Veli Foliage 系列吊灯的设计，旨在给家居空间带来一些自然元素，超过 268 个手工制作的褶皱织物构成了该系列灯具的主体，如同树叶般的外部极其柔软，其特点就是与自然世界完美结合在一起。

Aria 系列灯具是与建筑师 Zaha Hadid（扎哈·哈迪德）合作的一款经典吊灯，将 50 个尺寸不等的聚碳酸酯片由小到大依次围绕在 LED 灯轴周围，光透过 PC 片呈现出液态的、流动的视觉之美，仿佛从天而降的一粒水滴，仰头凝望，让人无限遐想。

Clizia 系列灯具由表面带有无数个细微三棱镜的柔性塑料光栅、透光度极高的柔性塑料水晶和从透明渐变到半透明的柔性塑料蛋白石制成的 230 个片状组合拼装而成，让人体验 LED 灯下摄人心魄的斑斓世界。

△ Veli Foliage 系列吊灯　　　△ Aria 系列灯具　　　△ Clizia 系列灯具

四、Fabbian 灯具

意大利品牌 Fabbian 成立于 1961 年，以其丰富多样的产品风格在现代设计潮流中独树一帜。在照明设计方面，该公司会定期推出新产品和收藏品，与著名建筑师工作室合作开发照明项目。无论是家庭或者商业照明领域，Fabbian 品牌的各大灯具系列都能脱颖而出，颠覆大众的想象力。

Lens 系列灯具有壁灯和吊灯两类，三重层叠的圆形时尚饰面搭配镂空的设计，加上光在墙壁上漫射产生的效果，非常有装饰性，能为工作区域、公共场所等空间增色不少。

Amulette 系列灯具是在研究 LED 光线穿透薄玻璃板的独特效果的基础上创建的。在视觉效果上，这款灯具优雅精致，且极轻巧。其完美而锐利的几何形状以及紧凑的布局，凸显了雕刻表面的精美度和金属的表现力。

△ Lens 系列灯具

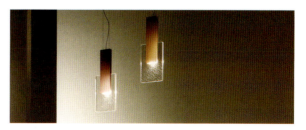

△ Amulette 系列灯具

Fabbian Cloudy 云朵吊灯，灯罩采用先进钢模倒模而成。亮灯的时候，极像雨后放晴一样，给人一种清新、温暖的感觉。无论家庭空间或者商业空间，都让人享受沉浸云端的美好。

Beluga 系列灯具采用吹制玻璃工艺，表面光滑透亮，无论落地灯、吊灯、壁灯或者台灯，都呈现出精致、可爱的视觉效果，如同一只充满乐趣的小精灵，照亮室内空间。

经典作品 Fabbian Roofer 系列灯具的亮眼之处在于灯罩的 DIY 设计。其设计灵感来自设计师经历的一场异域旅途，他通过观察异域的创意屋顶，创造出独具特色、不同色系、不同规格的 Roofer 系列灯具作品。

△ Fabbian Cloudy 云朵吊灯

△ Beluga 系列灯具

△ Fabbian Roofer 系列灯具

五、VERPAN 灯具

来自丹麦的 VERPAN 不仅是北欧的一个设计灯具、家居用品的品牌，更是北欧设计大师 Verner Panton（维纳尔·潘顿）的作品制造商。其高辨识度的产品外观兼具复古和现代的双重时代特征，旨在为用户带来全新的生活、工作和互动方式体验。

Verner Panton 是北欧设计界不容忽视的大师级人物，毕业于丹麦皇家艺术学院，是享誉全球的工业设计师。他对新材料和新技术充满了好奇心，擅长利用先进的技术与自身非凡的艺术感受力创造大胆而又极具情趣的设计，反映出他对未来的乐观态度。其标志性设计已成为当代设计的经典之作。虽然其设计产品已经有 50 多年的历史，但在今天看来仍然是独一无二的经典之作。

Vp Globe 系列灯具是 Verner Panton 先生最标志性的照明设计之一，诞生于 1969 年，当时恰逢阿姆斯特朗登月成功，全世界都在追逐太空与科技感。诺大的透明球体由亚克力材质的外罩构成，内部由五个反光部件用金属链相串联，宛若一个静置在宇宙中的太空舱，将你的思绪引向浩瀚的外太空。完全满足了人们对宇宙、太空的憧憬。

△ 北欧设计大师 Verner Panton

△ Vp Globe 系列灯具

Verner Panton 创新地运用亚克力材质做灯罩，内部以三根钢链悬挂红、蓝反射器，从而巧妙地调和出冷暖层次和谐的灯光。金属罩片还可以换成玻璃，视觉上与外层的亚克力灯罩也会更相近，减弱金属与透明材质之间的鲜明对比，更适合现代简约空间。

△ Verpan Fun 贝壳灯

Verpan Fun 贝壳灯首次展出于 1964 年的德国科隆家具展上，一经展出就轰动一时。这款灯具的设计初衷是为多色彩的空间设计带来和谐的散射光源。起初选择的是金属圆片，但是设计师不甘局限于传统材料，最终在马来西亚的一个海滩上找到了理想的材质：拥有珍珠质感的贝壳。这些来自海洋的贝壳透光轻盈，用手轻抚还会发出细腻清脆的声响。Fun 系列有吊灯、落地灯、台灯等多种类型。

Moon 灯具系列诞生于 1960 年，扇形的设计是其标志性特点，十个环形铝薄片组合，不同的角度展现出不同的形态，经过叶片反射后的光线也变得更加柔和，从而营造柔软无眩光的温馨环境。

△ Moon 灯具系列

六、Vibia 灯具

Vibia 是一个极具艺术性的品牌，成立于 1987 年，距今已经有 30 多年的历史，总部位于西班牙的巴塞罗那，是一家集产品设计和生产的灯具生产商。Vibia 品牌的设计师认为光是创造世界的一种原始力量，所以特别注重人与自然光的联系，重视光的设计和它持续为人带来的愉悦感和舒适度，是现代简约风格的不二之选。

Flamingo 灯具系列是由设计师 Antoni Arola（安东尼·阿罗拉）创造的火烈鸟吊灯，将动人、诗意的美学与功能设计和性能融为一体。设计上通过热塑性半透明漫射器提供环境光，该漫射器由于其 LED 光源的作用，有聚光灯的效果。

△ 火烈鸟吊灯

Cosmos 宇宙系列灯具将各种大小不同的扁平球团聚在一起，以产生飘浮在空中的球体的错觉。球体从天花板悬浮自然下降的波动过程像一个恒星，轻盈无比，又充满探索宇宙的神秘气息。灯光完全融入每一个球星灯体的内部，在设计与光源之间创造了一种完美的共生关系。

△ Cosmos 宇宙系列灯具

Vibia Pin 灯具系列由日本设计师岩崎一郎以大头针为灵感而设计。全金属的灯身细腻、简洁、并没有厚重感，不但外形精简，也更加节省空间。Vibia Pin 灯具系列将不同的应用组合在一起，例如壁灯、落地灯和台灯。其中 Vibia Pin 系列壁灯以提供间接环境照明和聚焦阅读灯而闻名于世，安装在房间中，有助于创造舒适的阅读条件，多个组合就像一个光壁画，起到装饰作用。

△　Vibia Pin 灯具系列

七、Serip 灯具

Serip 是葡萄牙的纯手工艺术灯具品牌，成立于 1961 年，创始于法国，是一个具有法式情怀的古典灯具品牌，拥有超过 60 多年的灯具设计和制造经验。

Serip 灯具系列的设计灵感来自花卉、树木、瀑布等自然形态，运用青铜、玻璃、水晶等高质量的珍贵材料，通过雕塑般的手工艺将自然之美变为永恒。因为源于自然，所以形式不拘一格，多样性和良好的包容性使得 Serip 灯具可轻松融入各种古典氛围或现代质感的奢华空间。

Glamour 灯具系列是受到冬季大自然的启发，树木是冰滴雕塑组成，以其垂直和水平的存在而引人注目，这些有机存在的照明装置延伸到天花板和墙壁，可以有效地适应任何室内环境。

Niagara 灯具系列的设计灵感来自尼亚加拉大瀑布，以展现大自然顽强和原始的一面，其玻璃碎片的造型非常接近瀑布的视觉密度。

△ Glamour 灯具系列

△ Niagara 灯具系列

Bouquet 灯具系列的灵感来自自然界中的花卉和色彩。它混合了树叶、花朵和树枝的造型，生动的金属叶片仿佛把人们带到了一个真正的花园里。无论古典风格和现代风格都可适用。

Folio 灯具系列反映了瞬间的强度，仿佛转瞬即逝的自然图像被瞬间冻结并以其形式忠实再现，在一组复杂的反射和对比中反映出图案的任意组合。这件作品非常适合大面积使用。

Aqua 灯具系列的灵感来自冰泉的水滴，因其灵感元素和与品牌身份的内在联系而成为一个标志，表达了与主要自然的紧密联系。青铜结构扩展成缠结的树枝，形成漂浮的玻璃碎片，这一特征也赋予其轻盈的触感。

△ Bouquet 灯具系列

△ Folio 灯具系列

△ Aqua 灯具系列

八、Moooi 灯具

Moooi 品牌创立于 2001 年，创始人 Marcel Wanders（马塞尔·万德斯）是荷兰当代最具影响力的设计师之一。他的设计充满激情与创意、细腻而鲜活、顽皮却并不复杂，摆脱惯性思维，为平凡生活用物注入了灵魂。

现代灯具早已超越单纯的照明用途，透过光影交叠营造出的氛围成为空间最灵动与温暖的存在，更是美化空间的奇才。Moooi 的 Heracleum 系列灯具的设计灵感来源于独活树，其造型像一个分叉的树枝，其形态兼具技术性和自然美感。设计师用一种金属线框制作了灯具的大体形态，装饰在"枝杈"上的塑料镜片作为叶子，被 63 个 LED 灯照亮，这些发光的叶子还可以自由旋转并根据需要移动位置。

△ Heracleum 系列灯具

Meshmatics Chandelier 光织梦影系列吊灯以细如发丝般的金属丝线经纬交织而成，三种不同直径的灯具错落组合，增添层次感，远看仿佛沉静优雅的镂空灯笼，静静地飘浮于空中。底部以 LED 光源投射在金属丝线上，给空间造成明暗间的对比变化，让视觉整体呈现更为丰富且迷幻。

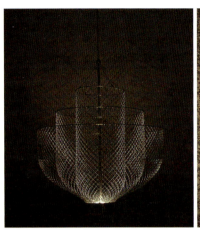

△ Meshmatics Chandelier 光织梦影系列吊灯

Raimond 系列繁星吊灯，正是将人类难以触及的想像幻化为真实的艺术灯具。 Moooi 力邀数学家 Raimond Puts 跨界设计，将其最拿手的数学几何发挥在此款灯具之中。他运用薄如纸片的金属箔片，将其几何排列组合，建构出一颗立体的圆球，整体灯具充满精准的规律节奏，经由精确的计算，将 LED 灯泡镶嵌在内外不同直径的金属接点之中，运用内外层金属传导电流诱发 LED 光源，经过大量技术及计算试验才得以成就此灯具。根据灯具尺寸大小不同，需使用 92~252 颗 LED 灯泡才能呈现出星河般的梦幻之美。

△ Raimond 系列繁星吊灯

九、Preciosa 灯具

"Preciosa"的意思是珍贵，源于捷克，又称为捷克水晶。Preciosa 品牌的诞生可追溯至 1724 年，它是世界最大的水晶吊灯和现代灯具的生产商之一，以精良的切割工艺和种类广泛的水晶配件而闻名，至今仍不断推出精美的装饰吊灯。

Preciosa 系列灯具有着强烈的装饰效果，每一件作品都是艺匠们精心打造的艺术品，特别是神乎其技的水晶制作技法与彩色玻璃吹制技术，无论是挑战难以突破的造型曲线，或者是表现层次分明的色彩变化，都展现了灯具作品无可匹敌的艺术成就。

在路易十五国王的凡尔赛皇宫和枫丹白露宫殿、英国北威尔士的帝国酒店、香港的四季酒店和丽思卡尔顿酒店、澳门的威尼斯人赌场酒店和银河赌场酒店、迪拜的中心酒店等国内外知名场所中都可以欣赏到 Preciosa 照明装置的身影，呈现着永恒凝滞的光影美感。

Inspiral 系列灯具是 Preciosa 品牌最新的标志性设计，由特殊成型的不锈钢带制成，可以根据需要弯曲和成型，灯具经过精心组装，由切割棱镜形成，创造出其标志性的闪光。

△ Preciosa 系列灯具

△ Inspiral 系列灯具

十、Terzani 灯具

意大利灯具品牌 Terzani 成立于 1972 年，一直致力于将传统意大利工艺与现代技术相结合，制作融合艺术、奢华与设计感的灯具，可以说奢华就是 Terzani 的代名词。

Terzani 品牌的每一盏灯都是手工制品、艺术品、奢侈品和创意灯具的完美结合，Terzani 非常尊重工匠传统，每个"灯光雕塑"都采用传统的玻璃和金属加工方法，通过对细节进行处理，创造出戏剧性和浪漫的效果，同时不失现代感。

Epoque 灯具的框架呈弯曲的线条，由耐用的黄铜金属制成，并由镍金属链悬挂。它有两条金属带，一个中央的细长部分和一个宽弧形的外部带，使光线可以将柔和的光线反射到整个房间。

△ Terzani 灯具

△ Epoque 灯具

Argent 系列灯具由一个个闪闪发光金属小圆盘组成，这些圆盘由 Terzani 的工匠手工精心塑成簇状。点亮后，圆盘的多个倾斜表面会散发出柔和、闪烁的光芒。就像天空中悬挂着发光的云朵，十分浪漫。

Argent 系列灯具有多种规格及不锈钢、镀金和玫瑰金几种饰面可供选择，还可以定制黑镍和香槟色。由于其组合的多样性，成为打造个性浪漫空间的最佳之选。

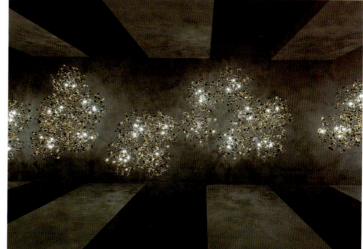

△ Argent 灯具系列

DESIGN

室内照明设计教程

室内照明设计的必学法则

第四章

室内照明设计的六大重点

 ## 一、做好照明规划

不同的照明技术和照明效果组合在一起，可以使同一个房间形成不同的氛围。甚至一种普通的台灯、一种常用的阴影类型，都将对房间的气氛产生深刻的影响。要想成功完成一个室内照明设计，需要付出时间进行仔细的预先计划。尽管确定一个吊灯和一对落地灯比处理特殊的配线要求简单，但花这些额外的时间是很有必要的，而这个重要的步骤往往被忽视甚至遗忘。

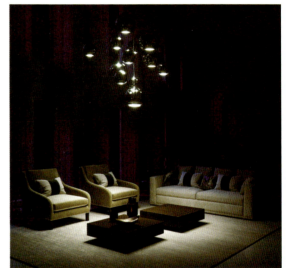

△ 一个空间运用多种照明设计形式时一定要事先做好照明规划

△ 不同灯光类型可以使同一个房间形成不同的氛围

在进行灯光设计时，首先应考虑房间的功能及使用者的个性化需求，可利用灯光设计不同的主题或模式，以满足不同功能主题的照明需求。其次应确认好空间门窗的位置、有无横梁、吊顶深度等，这些因素会影响灯具的选择。最后要了解家居空间的装饰风格、家具位置、家具颜色的深浅等，以确认灯光参数。灯光还可以强调空间的造型，突显设计师或业主要重点表现的点。

△ 房间的功能及使用者的个性化需求是进行照明设计最为重要的考虑因素

项目	目的	内容
家庭成员	掌握必要的照度	□家庭成员 确认家庭成员的年龄等信息
兴趣、爱好	掌握生活模式	□家庭成员的兴趣和喜好 在哪个空间待的时间更久一些
用途	确定适合居室整体用途的照明和照度	□确认哪个房间必须迎接访客 迎接访客的房间可以营造与其他地方不同的灯光氛围
各个空间的用途	确定各个房间的照明和照度	□房间名称 □饮食、烹饪、阅读、聚会、工作、娱乐 □其他 确定各个房间具体的用途，确定必要的高度
照明的喜好	业主对于照明的喜好	□喜欢整体明亮的空间 □喜欢明暗分明的空间 □喜欢白炽灯泡那种温暖的光 □喜欢荧光灯那种偏白光 □喜欢很少出故障的 LED 灯 □其他
空间界面色彩的喜好	确认颜色明暗对照度的影响	□喜欢墙壁、地面、顶面都接近白色的空间 □喜欢地面颜色较深、墙面和顶面接近白色的空间 □喜欢地面和顶面颜色较深、墙面接近白色的空间 □喜欢墙面、地面、顶面都接近深色的空间 □其他

二、合理搭配灯具

灯具是软装设计中不可或缺的内容，虽然除了大吊灯之类比较奢华大气的灯具外，一般而言，灯具看上去很小，但它的作用很重要。现代软装设计中，出现了许多形式多样的灯具，这些灯具或具有雕塑感，或色彩缤纷，需要根据空间气氛要求来选择。

做到款式、材料统一，灯具的搭配就一定不会出错。若是两个台灯的组合，可考虑选用同款，形成平行对称；落地灯和台灯组合，最好选同质同色系列，外形略有差异，就能使层次更丰富。保持同一基调，又打破沉闷，这一原则同样适用于台灯与壁灯的组合。

在一个比较大的空间里，如果需要搭配多种灯具，就应考虑风格统一的问题。例如客厅很大，需要将灯具在风格上做一个统一，避免各类灯具在造型上互相冲突，即使想要做一些对比和变化，也要通过色彩或材质中的某一个因素使两种灯具相谐调。如果一种灯具在空间中和其他灯具格格不入，就需要将这种灯具换掉。

△ 客厅角落空间处的台灯与壁灯同样采用黄铜材质，形成了十分协调的美感

△ 在同一个空间中搭配多种灯具，需要在色彩或材质上进行呼应

△ 客厅的落地灯、台灯与餐厅吊灯虽然材质各异，但在造型和线条上显得十分协调，形成差异化的同时又不失和谐的画面感

灯具通常分为装饰性灯具和功能性灯具。

装饰性灯具的特点是外观美，但是光线不可控，如果想要获得足够的照明，就必须靠近灯具。装饰性灯具发出的光线不用太强，以人眼可以直视为标准，这样才能起到装饰的效果。

功能性灯具具有灯具隐藏、光线可控的特性，只要预先设计就可以在房间的任何位置满足照明需要。

通常，传统的吊灯、壁灯、台灯和落地灯被归为装饰性灯具，而嵌入式灯具、功能强大的轨道灯具和一些明装灯具被归为功能性灯具。

△ 装饰性灯具

△ 功能性灯具

三、选择照明方式

在选择灯具、设计灯光时，应根据不同的空间、不同的场合、不同的对象选择不同的照明方式和灯具，并保证适宜的照度和亮度。

从整体上看，客厅是接待客人的地方，书房是阅读的地方，餐厅是就餐的地方，这些空间都应该提供光线比较明亮的灯具，光源选择也较为自由；卧室的主要功能是休息，亮度应以柔和为主，最好使用黄色光线；厨房和卫浴间对照明的要求不高，不需要太多的灯具，前者以聚光、偏暖光为佳，后者在亮度相当时最好选择白炽灯。

会议大厅的灯光照明设计应采用垂直式照明，要求亮度分布均匀，为避免出现眩光，一般宜选用全面性照明灯具；而商店的橱窗和产品陈列区域，则通常采用强光，用重点照明的方式来强调商品的形象，吸引顾客的注意力。此时，该区域的亮度比一般照明要高出 3~5 倍。

直接照明是指光由灯具发出直接到达墙上的装饰画、桌面、地面、柜子上的软装饰品等上的照明方式；间接照明是指光由灯具发出后并不直接照射到物体上，而由墙面、顶面、反射板反射后再照射到物体上的照明方式。嵌入式下照灯、轨道射灯、明装的条形灯具都属于直接照明，而灯槽、柜子里暗藏的灯条、上出光的吊灯、上出光的壁灯等都属于间接照明。

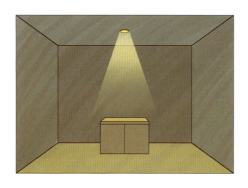

△ 直接照明示意图

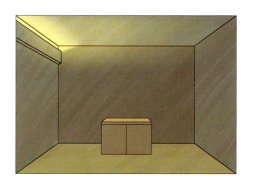

△ 间接照明示意图

四、划分灯光层次

在室内灯光设计中，可通过合理的灯光运用来划分出室内光线的层次，其中有三种照明层次是室内空间中必不可少的，分别是基础式光源、辅助式光源与集中式光源。这三种照明层次的光源比例，最佳的黄金定律为"1：3：5"。所谓"1"是指提供整个房间最基本照明的光源，"3"是指给人柔和感觉的辅助光源，"5"是指光亮度最强的重点光源的光线。

这三种光源的层次，不一定同时出现在同一个房间中，但是在整套居室的灯光布置中，它们一定会同时出现。除此以外，一些设计师在划分同一个房间的灯光层次时，可能会在这三种灯光层次中设计更加细致的灯光分层，那么，整个房间的灯光层次便不止三种了。

◎ 吊灯是空间中的第一层照明光源，其存在的目的是让室内光线保持一定的亮度，且这种亮度相对均衡，能满足人们的正常生活需求。

◎ 位于床头两侧的台灯是空间中的第二层照明光源，设计这种光源通常是为了进一步提升室内的照明层次感，或者是削弱集中式光源在空间中的突兀感。

◎ 安装在床头的两盏明装筒灯为该空间的集中式光源，其存在的目的是给室内空间中的某个区域或局部提供集中且明亮的照明，其亮度也是室内照明灯光中最高的。

◆ 1. 基础式光源

　　基础式光源通常是整个空间的主灯，也称背景灯。例如，客厅或卧室的顶灯达到的就是一般照明的效果。它可以使整个空间在夜晚保持明亮，满足基础性的灯光要求。还有一种现下比较流行的无主灯照明，利用LED筒灯做分区散点照明。基础式光源起到让整个空间照明亮度分布达到较均匀的效果的作用，使整体空间环境的光线具有一体性。

　　基础式光源相对来说亮度较低，需要与空间中其他光源一起运用，尤其是客厅的主灯，还必须考虑电视荧幕的反射作用，可直接以间接照明替代。

△ 无主灯照明设计的空间，利用LED筒灯做分区散点照明

△ 基础式光源通常是整个空间的主灯，起到让整个空间照明亮度分布达到较均匀的效果的作用

△ 基础式光源相对来说亮度较低，需要与空间中其他光源一起运用

◆ 2. 辅助式光源

辅助式光源的亮度处于三种照明光源的中间，属于一种过渡式光源。这一种光源的出现，通常是为了进一步提升室内的照明层次感，或者是削弱集中式光源在空间中的突兀感。辅助式光源的灯光属扩散性光线，其散播到屋内各个角落的光线都是一样的。辅助式光源在小范围内可以较小的光源功率获得较高的照度，同时也易于调整和改变光的方向。常见的辅助式光源有灯带、壁灯、落地灯、台灯、地脚灯等。一般来说，具有散性光线的灯宜和直射灯一起使用。

在面积较大的空间中，辅助式光源应用的区域通常不止一处，可以将多盏照明灯具分布在空间的多个局部，起到装点空间的作用，但要注意，若长时间持续工作的台面上仅有局部照明，容易使人产生视觉疲劳。

△ 辅助式光源在获得较高的照度的同时也易于调整和改变光的方向

△ 辅助式光源的灯光属扩散性光线，其散播到屋内各个角落的光线都是一样的

△ 辅助式光源的出现，通常是为了进一步提升室内的照明层次感

◆ 3. 集中式光源

在整个室内灯光层次中，集中式光源通常为直射光线，其亮度也是室内照明灯具中最高的。集中式光源所需灯具数量应根据被照射区域的面积来定。在室内灯光布置中，采用集中式光源通常是为了让被照射区域获得集中而明亮的照明效果，让人能更清楚地看见正在进行的动作，尤其是在工作、阅读、烹调、用餐时，更需要集中式光源。

这种光源由于照射范围较小，因此通常会与辅助式光源及基础式光源同时出现。常见的集中式光源包括 LED 射灯、轨道灯等。此外，因为灯罩的形状和灯的位置决定了光束的大小，所以直射灯通常装有遮盖物或冷却风孔，且灯罩都是不透明的。

△ 集中式光源所需灯具数量应根据被照射区域的面积来定

△ 采用集中式光源通常是为了让被照射区域获得集中而明亮的照明效果

△ 台灯是比较常见的集中式光源，其灯罩的形状和灯的位置决定了光束的大小

五、避免照明误区

首先避免光源整体过亮。在设计照明系统的时候，盲目追求高亮度是最常见的误区。过多的灯光效果、照明亮度不仅会损耗更多资源，同时还会伤害人的眼睛，影响人的情绪。光污染是在设计照明时需要避免的，而合适的灯光搭配是必要的。

其次是避免不同灯光颜色混杂。不同的颜色混在一起会干扰大脑，让人产生不适感。长期生活在灯光杂乱的空间中，人在精神上会受到不同程度的影响。一般，单个空间使用相同颜色、色温的灯光可以避免出现这种情况。

再次，切忌忽略频闪灯光。很多人会在书桌、床头柜上放置荧光灯。很多灯具都有不同程度的频闪，尽管人的肉眼无法明显感知，但是长期使用会极大地损害人的视力、精力。工作、阅读空间的照明灯具要避免选择频闪和刺眼的灯光。

△ 在色彩相对丰富的室内空间中，尤其要注意对灯光颜色的把控，避免对人的视力造成损害

◆ 各种光源的频闪测试

光源种类	频闪比例	频闪指数
白炽灯	6.3	0.02
T12 荧光灯管	28.4	0.07
螺旋管紧凑型荧光灯	7.7	0.02
双 U 紧凑型荧光灯（电感镇流器）	37	0.11
双 U 紧凑型荧光灯（电子镇流器）	1.8	0
金卤灯	52	0.16
高压钠灯	95	0.3
直流 LED	2.8	0.0037
重度频闪 LED	99	0.4

此外，很重要的一点是，在很多家居环境中，光照阴影会极大影响人的工作环境。在工作台、厨房操作台、镜面等处，尽量避免背后的灯光，尤其是射灯照明。尽量在需要良好照明条件的案台上方设计重点照明，保证操作的舒适与安全。

六、自然光的利用

对居住空间进行照明设计时恰当引入自然光，不但能够节约能源，而且还可以让人产生心理上的舒适感，能增进人与自然之间的亲近感与协调感。

在别墅等一些独特的建筑结构中，常常有挑空的客厅，巨大的落地窗彰显着建筑的宏伟，这时白天的自然光线特别充足，照明设计也不可忽视与自然光的结合与应用。可以在窗户两侧设计一些点光源，这样，白天透过窗户看室外，不会感到刺眼或疲劳，也会使进入屋内的自然光更柔和，融入整体空间光环境中。

根据光的来源不同以及采光口的位置不同，可以把自然光分为侧面采光和顶部采光两种。侧面采光又有单侧、双侧和多侧光三种形式。根据采光口的位置高低不同，可以将光分为高、中、低侧光。在侧面采光中，要选择良好的朝向和室外景观。房屋除特殊原因外，一般多采用侧面采光。顶部采光是最常见的利用自然光的方法，也是对自然光最基本的利用方法，光线自上而下照射，亮度高且照度分布均匀，这样采集的光线更自然。

△ 自然光的运用除了节约能源外，还可以让人产生心理上的舒适感

△ 顶部采光是最常见的利用自然光的方法，光线自上而下照射，亮度高且照度分布均匀

△ 侧面采光和顶部采光相结合的方式

室内照明的配光方式

即使将瓦数相同的灯泡安装在同一位置，光线的强度及方向也会因灯具的差异而有所不同，仅这一点差异足以影响整个房间的氛围。配光指的就是使用不同的灯具来调控光线延伸的方向及其照明范围。配光一般分为直接型配光、半直接型配光、间接型配光、半间接型配光、漫射型配光五种形式，照明效果主要取决于灯具的设计样式与灯罩的材质。

例如，光线向下照射的主灯，如果采用灯罩不透光的吊灯，全部光线都直接向下照射且范围较广，这种情况称为直接型配光，这样的方案的确可以重点照亮某一区域，但由于灯泡直接将光线投注在物体上，可能会让人觉得光线太强。而间接型配光则是将所有光线投射于顶面，再通过反射光来照亮空间，这种方案的优点是光线柔和、不刺眼。打造舒适生活空间的关键是根据业主的生活习惯，选择适当的配光方案。

△ 配光方式的区别主要取决于灯具的设计样式与灯罩的材质，具体应根据业主的生活习惯，选择适当的配光方案

配光方式与灯罩的材质密切相关。利用不可透光的钢材制作灯罩，就会在灯罩的周围形成阴影，光与影界限分明。如果选用乳白色玻璃灯罩或树脂灯罩，光线就能够穿过可透光的灯罩，扩散到周围，给人以柔和感。

△ 不可透光灯罩

△ 可透光灯罩

分类	图示	光束	方法
直接型配光	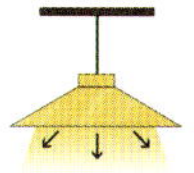	上方 0%~10% 下方 90%~100%	发光体的光线未透过其他介质，直接照射于需要光源的平面
半直接型配光	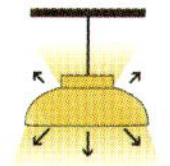	上方 10%~40% 下方 60%~90%	发光体未经过其他介质，让大多数光线直接照射于需要光源的平面
间接型配光		上方 90%~100% 下方 0%~10%	发光体需经过其他介质，让光反射于需要光源的表面
半间接型配光	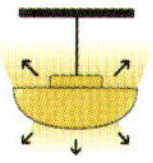	上方 60%~90% 下方 10%~40%	发光体需经过其他介质，让大多数光线反射于需要光源的平面
漫射型配光	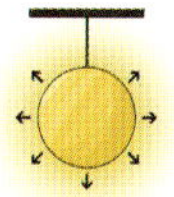	上方 40%~60% 下方 40%~60%	发光体的光线向四周呈360°扩散漫射至需要光源的平面

一、直接型配光

直接型配光是指从光源发出的光直接照射到物体表面或者墙面上，房间上部较暗，而下边尤其是光源照射的地面部分较明亮的方式。这种配光方式可以用来表现光影的对比度，常用于办公桌照明、餐厅的吊灯与壁灯以及为特定的物体照明。吸顶灯也属于直接照明，但室内光照分布较为均匀，使人感受不到光照的强弱，不能营造室内环境的特定氛围。

光通量利用率高的灯具，适用于想要强调室内某处的场合，但容易将顶面与房间的角落衬托得过暗。

△ 直接型配光指从光源发出的光直接照射到物体表面或者墙面上

二、半直接型配光

与直接型配光一样，半直接型配光也是指从光源发出的光直接照射到被照射物体上。由于光源底部未完全遮挡，会有一部分光源反射到房间的顶面上。因此，房间的上部相对来说会明亮一些。比起直接型配光，半直接型配光可营造出较为柔和的气氛，适用于比较重视明亮度和气氛的场所。半直接型配光的光源往往是用半透明材质来制作灯罩，且灯罩向下开口。

△ 半直接型配光利用布艺等半透明材质来制作灯罩，且灯罩向下开口

大部分光线向下透射，小部分光线透光灯罩投向天花板，相比较直接型配光不易眩目，阴影处也比较柔和，可以缓解顶面与房间角落过暗的现象。

三、间接型配光

间接型配光是指将光源照射在墙面、顶面上，利用反射光照明。其特征为光线柔和，不刺眼。简单来说，间接型配光的光源就是将直接型配光的光源垂直翻转。这种配光方式能够营造出让人舒适的氛围，适用于起居室、卧室等供休息的空间。除此以外，间接型配光还有其他设置方式，如与落地灯等搭配效果更好。

光通量利用率低的灯具，但不易炫目，容易营造出温和氛围，还可通过调整角度作为艺术品照明灯。

△ 向上投光的壁灯是典型的间接型配光方式，从视觉上显得顶面更高

四、半间接型配光

与间接型配光基本相同，但半间接型配光的光源构造相对复杂，上半部分与下半部分所采用的材料有所不同。其上半部分为透明材质，下半部分多由漫射透光材料制成。光源发出的光几乎都照射到墙面和顶面上，但是有一部分照射到房间的下半部分，这样的光线让整个房间的氛围变得柔和、恬静，所以适用于起居室、卧室。

这种配光方式的光线不会直接入眼，给人以柔和的新鲜感，避免眩目，适用于起居室等让人放松的空间。

△ 半间接型配光的光源上半部分为透明材质，下半部分多由漫射透光材料制成

五、漫射型配光

漫射型配光的光源往往被封闭在一个独立的空间里，其灯罩通常是由半透明的磨砂玻璃、乳白色玻璃灯漫射材质制成的。光源所发射出的光会全方位扩散到整个房间，但往往仅有 40%~60% 的光通量直接照射到被照物体上，因而光通量损失较大。反射物体如果是球形灯罩，那么球体越大，光就越柔和，没有耀眼的感觉，这样的配光方式最适用于起居室。

△ 漫射型光源所发射出的光会全方位扩散到整个房间，但往往仅有 40%~60% 的光通量直接照射在被照物体上

这种配光方式避免了眩目感与过于明显的阴影，均匀地照亮整个房间。相比于前四种配光方式，更适用于宽敞的空间。

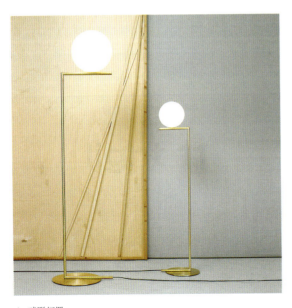

△ 球形灯罩

工一设计

△ 漫射型配光方式是指光均匀地照亮整个房间，更适用于宽敞的空间

室内照明的表现形式 第三节

一、一般照明

一般照明是为了达到最基础的功能性照明，不考虑局部的特殊需要，起到让整个家居灯光亮度分布达到较均匀的效果的作用，使整体空间环境的光线具有一体性。一般照明所采用的光源功率较大，而且有较高的照明效率。

为了获取较好的一般照明效果，设计时可将多盏相同的照明灯具按照相对均匀的形式进行排列，让灯具所覆盖的空间获取比较匀称的照明效果。这种灯光表现形式，常用于过道等区域的灯光设计之中。

△ 将分散的点光源作为空间中的一般照明，只有选择功率较大的照明灯具，才能营造出均衡而又稳定的光照环境

△ 由明装筒灯、线形灯带及嵌入式筒灯组成的一般照明

二、局部照明

局部照明是为了满足室内某些部位的特殊需要，设置一盏或多盏照明灯具，使之为该区域提供较为集中的光线。局部照明在小范围内以较小的光源功率获得较高的照度，同时也易于调整和改变光的方向。这类照明方式适用于照明要求较高的区域，例如在床头安设床头灯，或在书桌上添加一盏照度较高的台灯，以满足阅读、工作需要。

在面积较大的空间中，局部照明区域通常不止一处，可以将多盏照明灯具分布在空间的多个局部，起到装点空间的作用，但要注意，若长时间持续工作的台面上仅有局部照明，容易使人产生视觉疲劳。

△ 局部照明形式

三、定向照明

定向照明是为强调特定的目标和空间而采用高亮度灯具的一种照明方式，可以按需要突出某一主题或局部，对光源的色彩、强弱以及照射面的大小进行合理调配。通常情况下，设计时会采用直接型配光来达到定向照明的效果。在室内灯光布置中，采用定向照明通常是为了让被照射区域获得集中而明亮的照明效果，所需灯具数量应根据被照射区域的面积来定。在一些特殊环境中，可在同一空间设定不同方向的定向照明，但应保证同一局部区域的光源来源于同一方向。

最常见的定向照明就是餐厅的餐桌上方，一组吊灯的设计让视觉焦点集中在更加秀色可餐的食物上，同时营造出温暖舒适的就餐氛围。

△ 吧台上方的一排小吊灯作为定向照明，让被照射区域获得集中而明亮的照明效果

△ 在一些个性化空间中，可利用轨道射灯设定不同方向的定向照明，但应保证同一局部区域的光照来源于同一方向

四、混合照明

混合照明是由一般照明和局部照明组成的照明方式。从某个角度上来说，这种照明方式其实是在一般照明的基础上，视不同需要，加上局部照明和装饰照明，使整个室内空间既有一定的亮度，又能满足工作面上的照度标准需要。这是目前室内空间中应用最为普遍的一种照明方式。

混合照明常应用于大户型室内空间中，设计时需要通过合理布局，让灯光层次富有条理，避免不必要的光源浪费。

△ 顶面的吊灯与筒灯作为空间中的一般照明，对称摆设的台灯作为局部照明，增加了区域内的灯光层次

△ 顶面的吊灯与轨道射灯是餐厅空间中的一般照明光源，角落处摆设的落地灯可作为局部区域的照明光源

 五、重点照明

重点照明设计更偏向于装饰性，其目的是对一些软装配饰或者精心布置的空间进行塑造，让整个空间在视觉上聚焦，让人的眼球不由自主地注意到被照亮的区域，达到增强物质质感并突出美感的效果。柜式区域是重点照明的一个常用区域，除了常用的射灯以外，线性灯光也能获得重点照明效果，但其光线比射灯更加柔和。

如果单向的重点照明不能满足居住者的需求，那么多向的重点照明一定可以让被照射物象更加出众。但是这样的照明设计，在同一空间中，最好不要超过两处。

△ 作为重点照明的筒灯起到突出床头墙上装饰画的作用，但注意灯光应投向墙面

中合深美

△ 重点照明的照度一般为基本照明的 3~6 倍，可以打出干净、清晰的光斑，重点突出物体以增强效果

集艾设计

△ 柜内的线性灯光也能获得重点照明效果，但其光线比射灯更加柔和

重点照明与定向照明的区别很明显，前者是重点区域内所受到的光照可以来自同一方向，也可以来自不同方向；后者是同一区域内所受到的光照须来自同一方向。在通常情况下，重点照明的范围比定向照明要更小一些。

室内照明的设计手法

一、墙面照明设计手法

墙是室内空间里最为重要的界面。人对空间的远近、大小的认知，都来自对立面的视觉观察。人处在一个空间里时，看到最多的就是墙面，它的明暗直接影响人对这个空间是亮还是暗的判断。室内空间中有关墙立面的专项照明，一直是室内照明设计中一项非常重要的考量。不仅因为立面的光亮比例关乎空间的整体视觉感观，更重要的是室内空间的立面通常会被充分地利用起来。如美术馆中艺术品的展示、零售空间的商品货架陈列等。

在设计墙面照明时，特别要考虑墙面的材质肌理、颜色纹理等，比如砖石墙面肌理的阴影和玻璃、石材、镜面的反射光都是应该重点考虑的因素。

△ 利用灯光更好地表现墙面材质的质感，是室内照明设计考虑的重点

△ 墙面经常会用到镜面、石材等有不同反射作用的表面材质，这也是照明设计中应重点考虑的因素

◆ 彩色墙面

墙面的颜色越深，照明亮度越需相对加强。而且灯光的显色性要尽量高，以防止色彩偏差。

◆ 白色墙面

可以利用彩色灯光洗墙营造气氛，也可利用灯具投射光的角度大小创造光影以增强趣味。

◆ 木质墙面

选用 2800~3300K 自然的暖色调光源较为合适，可以表现与衬托出木质墙面特有的温润质感。

◆ 玻璃墙面

玻璃墙面和灯光是最常使用的"魔术工具"，注意不能使用太亮的灯光，微微的黄光可使墙面有点状的聚焦感，给人以层层叠叠的穿透感。

墙面照明通常用洗墙照明和擦墙照明两种设计手法。洗墙照明是指用灯光把墙面打亮，使打光目标的墙面像水洗过一样干净、均匀。

擦墙照明是将光源安排在离受光面较近的地方，用很窄的光束把光照在墙壁上。所用灯具的光束角不宜太宽，常用密集安装的下照射灯或是线性灯具。当灯具离墙壁有一定距离时，可使用可调节方向的窄光束灯具。实际上，擦墙照明是由洗墙照明演变而来的。与洗墙照明最大的区别在于，擦墙照明手法更偏向于强调受光面材质本身的质感，利用墙面本身的凹凸纹理和立体效果，制造出具有戏剧性的光影效果。当洗墙照明手法用在有三维立体效果的墙砖或其他具有立体效果的材料上时，就无法体现出光影效果。

△ 洗墙照明

△ 擦墙照明

△ 洗墙灯

擦墙照明通过筒灯或射灯都能实现，区别在于墙面光斑的差异；而洗墙照明，则是通过特殊配光的筒灯，或是多个线性射灯来实现的。

洗墙照明手法宜用在较为光滑的墙体表面，或者墙面有装饰物、需要均匀照亮，但又不希望有强烈阴影效果的场景中。洗墙照明能够打造一个明亮、二维化的墙面，墙面被灯光洗亮，但地面有暗影，这就使得被打光的区域被其明亮的边界轮廓清晰地显现出来，让空间显得更加宽敞和立体。

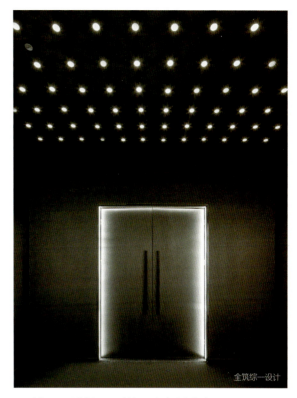

全筑综一设计

△ 洗墙照明手法的运用，让墙面显得富有立体感

◆ 从上向下打光

在墙面上方安装光线向下照射的线性灯具，或者通过安装在顶面的嵌灯向下打光，让灯光均匀地照亮墙面。

◆ 从侧面打光

运用灯槽手法或者埋入式设计，在墙面上设计侧面打光，同样可以洗亮墙面。

◆ 从下向上打光

不仅可以打出光亮的墙面，还有提升层高的感觉，重点是设计时控制好灯与灯之间的距离，避免两束灯光之间出现阴影。

筒灯、射灯、壁灯等都可以洗墙的方式表现墙面质感，还可以考虑将洗墙灯作为辅助光源，确保墙面上下都均匀地被照亮。灯光与墙面的色彩与材质之间都有着紧密的互动与相互影响。亮面或浅色墙面可以让光产生反射性，而暗色与深色墙面则有吸光效果，设计时需适当调整灯光的亮度。墙面应该避免选择具有反射效果的材料，若选择玻璃以磨砂的为佳，而不选用镜面，以免影响光线的匀亮效果。

根据光影投射在墙面的形态，洗墙照明分为点、线、面三种不同的形式。投射灯之间的距离一般为 100cm 左右，投射灯与墙面的距离则宜控制在 30cm 左右。

△ 深色墙面吸光效果，运用洗墙照明设计时需调整灯光亮度

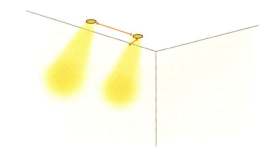

△ 投射灯之间的距离一般为 100cm 左右，投射灯与墙面的距离则宜控制在 30cm 左右

◆ **点状洗墙**

通过窄角灯具（8°~25°）与墙面垂直的方式，在墙面投射圆形光圈。

◆ **线状洗墙**

通过窄角投射灯具贴近墙面的方式进行洗墙，创造出光的线条。

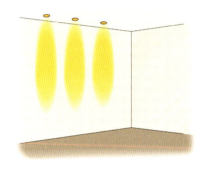

◆ **面状洗墙**

用广角灯具或泛光灯具均匀投射墙面，提供均匀的间接照明。

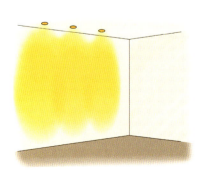

二、弥补户型缺陷的照明设计手法

◆ 1. 层高偏低的空间灯光设计

层高偏低的空间，除了在顶面装饰反射性材质和在墙面利用竖线条图案，拉高顶面的视觉效果以外，在灯光的搭配和设计上，还有其他几种手法。

首先可以采用镜面等反射性材质吊顶，并将灯光往上打，透过光线漫射至吊顶并将光源散发出去，使顶面有往上延伸的视觉效果。其次，可将吊顶压低，将光源设计在顶面四周，打向墙面，洗墙而下，通过光晕效果会给人拉高顶面的感觉。此外，除了往上打灯以外，还可以在近地面处的柜体或层板下方安装灯管，让下方散发出柔和的灯光，使地面有退缩效果，空间层高瞬间就被拉高，并可在柜体的上方再做间接照明，这样，空间就更有上下拉长的感觉了。

◆ 2. 面积较小的空间灯光设计

首先建议要让墙面均匀着光，例如打上整个区域都均质的光线，才会放大空间，最好墙面还配合使用浅色的色彩，如白色或浅蓝色、灰色等，有放大空间的效果。

其次是在空间的转角处安装壁灯，灯光往上、下，或左、右两边的墙上打，就会均匀，而且照亮了所有边界，可使房间看起来比较大。

若是遇到层高较低的空间，可以利用落地灯，且灯罩上下都有开口，让光源可以往上及往下照射，拉升顶面的视觉高度，起到放大空间的效果。

还有一种设计师最常运用的手法，就是在鞋柜、玄关柜等，常做成离地面有一段距离的设计，这就是藏放间接灯光的最佳位置，让柜体漂浮，也有放大空间的效果。

△ 在靠近地面处的柜体下方安装灯管，使地面产生退缩感，空间层高瞬间就被拉高

△ 将光源设计在顶面四周，打向墙面，洗墙而下，通过光晕效果会给人拉高顶面的感觉

◆ 3. 将灯光融入家具的设计手法

有些成品家具厂家会根据自己产品的特点，将一些照明灯具安装在家具中。这样，一方面可以让居住者得到适当的照明，另一方面可以使灯具本身的存在感完全消失。灯具与家具的结合通常要注意尺寸与散热。一方面要给灯具留出非常精准的安装位置，甚至有时还要将灯具嵌入家具内；另一方面要考虑灯具在使用中的散热及安全问题，容易被忽视的是为电源找一个安全而隐蔽的空间。

灯具装到家具上方或下方时，还应考虑顶面和地面的表面材质。如果顶面和地面比较容易反光，就可能出现灯具的反光倒影。

灯具与家具或墙面的间隔，大约是灯具的宽度加左右各30mm。但如果使用 LED 灯等小型光源的灯具，左右就必须各空出约 100mm，作为维修用的空间。挡板的高度大约是灯具的高度加 5mm。

△ 在悬空的玄关柜底部设计灯带给人以悬浮感

△ 在空间的转角处墙面上安装壁灯照亮边界

△ 白色墙面均匀着光可以有效放大空间

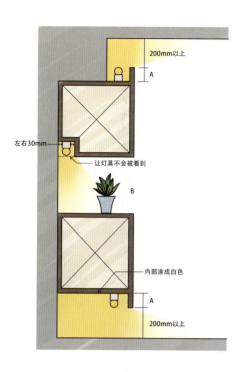

200mm以上

A

左右30mm

让灯具不会被看到

B

内部涂成白色

A

200mm以上

△ 将照明器具融入家具中的尺寸设置

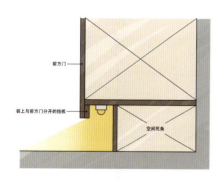

前方门

装上与前方门分开的挡板

空间死角

△ 将照明器具装到家具之中的手法，必须另外装设电源，可以充分
利用空间的死角

 # 三、灯槽照明设计手法

灯槽是一种常用的间接照明。灯槽照明是指通过隐藏灯具的凹槽来改变灯光方向的照明设计手法。灯槽照明通过将顶面的表面或者墙壁照亮，给人以舒适的整体亮度感，并传播到空间中。根据照明目的不同，灯槽照明大致可以分成两类：一类是洗墙灯槽照明，另一类是吊顶灯槽照明。

△ 吊顶灯槽照明

△ 洗墙灯槽照明

◆ 1. 洗墙灯槽

　　洗墙灯槽照明就是通过灯槽的设置，主要以照亮墙为主的一种照明手法。例如，利用灯槽对墙面进行一个整体的照射，然后针对局部去营造一些视觉焦点，再去补充一些射灯。洗墙灯槽照明除了对墙面的照射以外，也可以用于窗帘的照明，但是在窗帘盒内的灯槽照明建议以直接光为主。灯带和灯槽的位置关系很重要，决定了最终的照明效果。

　　洗墙灯槽的作用是提供平行于墙面的光线，而不能作为重点照明照亮墙面上的装饰物。如果照明的目的是照亮墙面的软装饰品，就应该选用专业洗墙灯具，提供垂直于墙面的光线。

△ 洗墙灯槽的灯带可直接安装在灯槽顶部，并调整至人眼在下方看不到的角度

　　洗墙灯槽照明在设计时应注意以下几个问题：首先考虑到更换光源等维修的需求，开口应在 150mm 以上，这样才便于把手伸进去维修。其次要考虑到它的动线，看看是否适合采用这种做法，如果动线贴合墙面走，就可能出现抬头看到光源的情况，这时应选择外观较好看的类型。最后，如果墙面采用的是具有光泽感的材料，有可能因为反射作用让照明器具形成反射，因此，搭配起来并不合适。

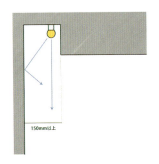

△ 安装洗墙灯槽照明的空间必须考虑到更换光源等维修问题，开口应在 150mm 以上

△ 在可能看到照明器具的场所，建议选择外观较好的灯具

洗墙灯槽通常有三种表现形式，无论采用哪种形式，都要关注发光的光源和挡光板之间的位置关系，位置关系决定了照明的阴影截止线的位置。

第一种是隐藏照明器具。它的好处是外形比较美观，因为灯具具有比较好的隐蔽性，基本不会出现直视光源的情况。但是施工难度会高一点，对于吊顶来说在空间尺度上有一定要求，同时由于完全依赖间接配光的形式，它的效率会比较低。

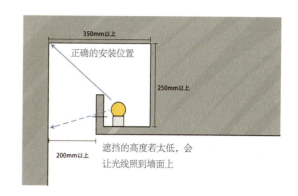

第二种是让照明器具朝下。这种方式可以让光直接照射到地面，照明的利用率比较高，维修作业比较容易，但是从下往上看的时候，有可能看到灯具，因此要注意灯具正确的装设位置，同时也要选择外观较好看的灯具。

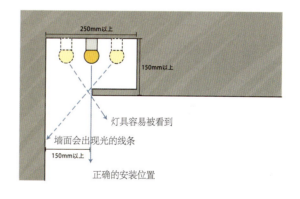

第三种是横向装设照明器具。与朝下的装设方式相比，照明器具不容易被看到，而且光的伸展性较佳，相对来说，后期的维修会容易一些。

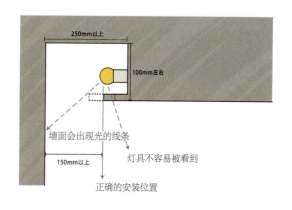

◆ 2. 吊顶灯槽

吊顶灯槽是通过灯槽将顶面照亮，以降低在吊顶较低的情况下空间给人的压迫感。这类照明方式对整个顶面产生视觉拔高的效果，形成宛如天窗一般的展示效果。这也算是通过照明提升空间视觉高度的一种比较常用的手法。

早期的吊顶灯槽内多安装 T5 光源灯具，由于连接处经常出现暗区，导致光线不连续；后期出现了防暗区的 T5 光源灯具，效果有明显提升。现阶段，随着 LED 技术的发展与成熟，软质的 LED 灯带成为经济实用的选择。

△ 吊顶灯槽照明适合褪光处理或者接近于漫反射的表面材质，不适合光泽度比较强的表面材质

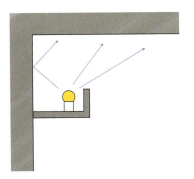

△ 吊顶灯槽对整个顶面产生视觉拔高的效果

△ 光泽度比较强的表面材质

吊顶灯槽照明同样适合褪光处理或者接近于漫反射的表面材质。如果吊顶表面的材质有比较强的光泽度，就会因为反射作用使照明灯具在顶面形成一个倒影，这样的搭配并不合适。如果灯具的安装位置与顶面的距离太近，就可能出现只有与光源接近的部分被照亮，而无法形成比较漂亮的渐变、褪晕效果的现象。另外应注意，遮光板的高度必须和灯具的高度相同，或者高于灯具 5mm 左右。

△ 漫反射的表面材质

吊顶灯槽通常有三种表现形式。

第一种是位于顶面的灯槽。这是比较常见的一种做法，它的优点是便于光扩散出去。但要注意的是，应检查灯槽的附近是否有其他设备，如空调、感应器等，要避免灯槽内的灯光在褪晕的过程当中把设备照亮。

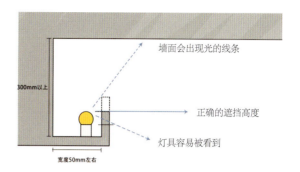

第二种是位于墙面的灯槽。它是基于墙面做的向上的吊顶灯槽，与位于顶面的灯槽相比，在出光方式上并没有太大的变化，便于光扩散出去，但同样要注意顶面的设备问题。二者的不同之处在于，位于墙面的灯槽要考虑在墙面的前方是否有固定式家具，以免后期带来维修上的困难。

第三种是倾斜顶面的灯槽。很多斜面的吊顶可以考虑顺着斜顶的方向设置吊顶灯槽，便于光线的扩散和延展。如果做成垂直关系，光线容易被阻挡，原则上应将照明器具安装在高度较低的一边。

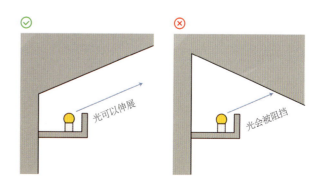

四、无主灯照明设计手法

无主灯设计是指摒弃了传统主灯照明中单一的大吊灯，而是通过数个光源组合点亮空间，能够营造出或温馨或个性化的居住氛围。可根据不同的功能需求来设定不同的光源，如观影氛围、阅读氛围等。所谓无主灯设计是对照明作了层次划分，即同一个居室中的不同区域，有主次地设置不同类型的灯光，充分考量家人活动范围和生活习惯，在不同场景中用不同光源。

无主灯设计更适用于现代、简约、轻奢风格中，以繁复见长的美式、欧式空间如果没有大吊灯，就无法体现其特点，所以不适合采用无主灯设计。因为没有使用吊灯，空间的高度不会因为吊灯的存在而给人被降低的感觉，更不用担心个高的人一举手就会碰到吊灯。不管是视觉上还是实际使用上，层高都给人以层高被增高的感受。

事实上，无主灯照明设计还有另外两种表现形式：一种是空间有吸顶式或吊线式灯具，但仅用于做装饰品，不安装光源，仍靠辅助光源来获取照明功能，常见于高空间复式或平层大厅、楼梯中通、会客厅等；另一种是有主灯，也安装光源，可以亮灯，但是亮度很低，不足以支撑整个空间的功能性照明，和辅助光源共同营造室内空间光环境，常见于空间的氛围装饰照明。

无主灯照明的缺点是对吊顶有一定的要求，并且由于是间接照明，在光效方面难免会打折扣，这就必须在同等照度要求的情况下，产生更大的能耗。此外，无主灯照明由于光源都是隐藏式的，后期维修保养比直接照明的难度要大。

△ 无主灯设计起源于国外的极简客厅设计，空间中没有主灯，根据生活需要局部设计灯光，简洁、大气，营造舒适的氛围

通常有主灯的空间整体更加明亮，但几乎不能营造氛围与彰显不同格调。无主灯的空间，虽然照度不如有主光源的空间，但可以比较自由灵动地调控灯光。

对于小面积的空间来说，用一盏吸顶灯或吊灯作为空间的主要照明是最简单实用的方法。如果是面积较大的空间或是功能比较多的空间，只有一盏主灯就不够用了，看书、看电视、吃饭等不同的生活场景需要不同的灯光。这时，可采用无主灯照明，用射灯、筒灯、落地灯等不同的照明设施打造不同氛围的灯光场景。

四类无主灯照明形式

◆ 轨道射灯

轨道射灯是一种比较灵活的照明工具，可以根据照明氛围的需要，灵活调整光线的方向和位置。在轨道上装灯，可以做到尽量少开槽、少拉线，更适合无吊顶的空间。

◆ 明装筒灯

层高较低且无法做嵌入式筒灯的空间，可以采用明装式筒灯设计，保持空间的简洁视觉感，同时可以应用灯带。

◆ 矩阵式分布筒灯

采用小开孔、尺寸密集的布灯方式，形成矩阵造型，营造空间秩序感。其优势在于安装便捷，灯具数量多且功率小，眩光值低，有助于彰显空间高级感和营造科技氛围。

◆ 暗藏灯带

暗藏灯带是吊顶四周或中间开槽做暗藏灯带的设计，因为光源都是反射光，所以整体色温自然而又柔和舒适，非常适合渲染干净雅致的空间氛围。

室内照明设计实例解析

 一、圆形奢侈品店的灯光设计

这个两层楼高的零售空间拥有干净、精致的美感，柔和的灯光很好地突出了陈列的奢侈品。空间的中央设计了一个引人注目的圆形大厅作为视觉焦点。半球形吊灯通过上方的镜面天花板，反射出一个完整的球体图案。灯光与建筑特征无缝连接，巧妙地将弧线与镜面相结合，优雅而不失时尚感的装饰吊灯完美地突显了建筑的主题。

△ 圆形零售空间的灯光设计

二、充满未来感的多功能空间照明

材料运用、空间结构和简单有效的照明之间，形成奇妙的平衡。目的是在物理环境中创造迷人的有形和无形的图形、形状、反射和体积，让整个空间充满未来感和艺术感。

集培训、视频、活动和演示于一体的多功能空间需要灵活的照明。此项目通过构思一个隐藏各种照明的"外壳"解决了灵活照明这个问题。可调节筒灯、舞台灯、环境隐蔽照明和线性壁灯，这些都可以针对不同情况进行单独控制。

作为该项目的一部分，相邻的放映厅被设计成一个黑匣子，在台阶下方以灯带形式设置重点照明，天花上方设置了最小的筒灯，再次突出空间的极简气质。

线性元素有着独特的魅力，以简约的线条为依托，呈现出各种时尚简约的造型和光影效果，突显出线性照明的极致美感。此外，线性照明在空间中有着重要的视觉引导作用，在造型中具有暗示的意义，使人们的视线沿着空间设计的路线移动。

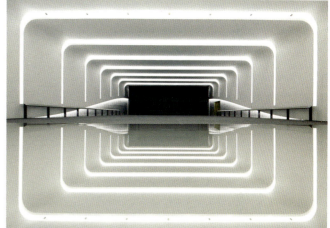

△ 圆形零售空间的灯光设计

三、利用照明系统和颜色区分工作区域

如下图所示，这家受欢迎的设计师网站公司，分别采用黑、白两个颜色作为区域背景，用来区分两种不同的工作模式。黑色通常表示协作或公共空间，白色通常表示独立办公区域。

为了突显这种现代美学，照明设计师在白色区域采用白色的裸露在外的轨道灯，在天花上呈网格分布；而在黑色区域采用内嵌式照明，在天花板上不规则地分布了上千个大小不一的孔，让人想起繁星点点的夜空。整个项目的照明系统模仿自然光，旨在营造自然舒适的办公空间氛围。

△ 利用照明系统和颜色区分工作区域

四、日本品牌 MUJI 的店铺照明设计

零售店是最适合展示照明设计的空间，日本品牌 MUJI 的店铺照明就设计得恰到好处。整体采用低色温、低亮度，如同置身在自己家中一样，让人能静下心来耐心选购自己所需的生活用品。

MUJI 的产品类别以日常用品为主，产品注重纯朴、简洁、环保等理念，店面布局分为家居用品、个人护理、文具、厨房用品、食品等，有的店铺还设有书店、花店、咖啡店、家具店和灯具店等。每个区域都设计了与环境相应的照明，轻松、舒适的灯光给人们营造出仿佛置身于家中的温馨氛围，有效地延长了顾客在店铺中的驻足时间。

不同类别的区域也分别采用了不同的解决方案，包括直接照明、间接照明、环境照明、重点照明和装饰性照明，同时根据不同的纹理、材料、形状以及它们过滤或反射光的方式，有的放矢地融入相应的区域。

经过精心设计的照明，不仅可以提高商品的价值，使商品变得更加精致，而且有效地提高了顾客对商品的关注度。设计师利用亮度、色调的反差，突出商品的色彩与质感，针对不同类别的商品增强顾客的购买欲，引导他们完成购物流程。

△ 日本品牌 MUJI 的店铺照明设计

五、根据不同场景需求改变灯光颜色

独特的灯光为空间注入了鲜艳的色彩，设计师基于创造舒适环境以满足现代人类需求的理念设计了这所俄罗斯公寓。2020 年的疫情改变了人们对日常生活和生活空间的看法，因此有必要创造一个干净宽敞的房间，以保证人长时间待在家里的舒适感。项目的设计重点是利用现代材料、照明和家具，利用照明将住宅某些区域打造成主要焦点，营造出不同的氛围。

比如，客厅使用的带有 RGB 模块的光散射画布，能够控制整个房间的颜色和光线。在编程人员的帮助下，设计师以渐变的形式设计出流畅的配色方案，以营造理想的氛围——从浪漫的晚餐到与朋友的小型聚会，灯光的色彩都可以根据不同场景需求改变。

浴室由单一材料制成，这使实现视觉完整性和无缝空间成为可能。空间照明是用天花板上的光散射屏制成的，温度和饱和度可调，达到了类似于自然采光的效果。

磁吸线形照明系统，具备安全、灵活、模块化等产品特性，可基于实际需求自由调整、组合，轻松实现分组控制、调光、调色等功能，天然地适合现代家庭多场景的灯光情景需求。当业主确定选用线形磁吸灯系统后，照明设计师会在前期完成业主生活习惯调研后，正式进行灯光设计。根据情景需求，预设不同的灯光场景模式，整体造型简单，却设计感十足，为居住者增添生活仪式感。

△ 根据不同场景需求改变灯光颜色

六、CHAO 酒店灯光照明设计系统

CHAO 是一家精品体验式酒店，坐落在北京的三里屯。酒店除了具备传统酒店应有的功能外，还专门设计了图书墙、地下展览室、舞台，可以举办展览、酒会等各种各样的活动。这些区域在照明设计上充分考虑了酒店的基本功能和艺术氛围需求。设计师将光影变幻、艺术潮流、人文气息充分结合起来。客人走进酒店，漫步于整个酒店，灯光都在细微处为客人带来一种充满层次的空间体验。

CHAO 酒店的大堂是开敞设计，空间感十足，同时连接起其他各个室内空间。灯光设计打破所有传统界限，借鉴了公共建筑的室内设计手法，融入了户外照明与美术馆的灯光设计理念。设计师摒弃了传统酒店的主灯装饰做法，顶部像素感疏密排布的布艺天花俨然成为空间视觉的焦点。设计师又进行了线性灯背光处理，使得整个天花仿佛飘浮起来，形成一块完整的后现代主义画作。

△ 酒店大堂中厅

△ 酒店大堂中厅

酒店套房采用线性灯将台阶连接处均匀洗亮，氛围轻松温馨，而不失时尚与浪漫。

酒店一楼酒吧区有裸露的天花。极具现代工业感，餐厅灯光采用了更为灵活的轨道照明方式，装饰了天花与桌面，吧台上方整面超大尺寸的发光吊顶天花，用梦幻的灯光营造出属于夜晚的迷离与沉醉。

酒店的整体光环境是决定酒店品质的重要因素。好的照明设计能与建筑、环境完美融合。在这个创意空间中，灯光不再仅仅为照明而设计，明与暗、强与弱的运用，加上生动的节奏感和迷离的色彩，给人舒适的居住空间体验的同时，让人印象深刻，也使空间更具包容性。

△ 酒店一楼酒吧

△ 酒店客房

△ 二楼书吧

△ 总统套房楼梯

七、具有三维立体感的嵌入式照明系统

设计师在每个菱形的底部都装设了一个 LED 光源，上面覆盖着钢化玻璃，表面贴一层薄薄的竹单板。这些材料可以让灯光在灯具打开时透射出来，而在灯具关闭时和墙面、地面融为一体。

由于选用的图案分别采用三个不同级别的颜色强度，这种模块化的应用形式创造了一种视错觉，让人看起来会有三维立体的错觉，非常新颖有趣。这种充满创意的设计，同时可用作结构组件和嵌入式照明系统，是高端俱乐部、办公室、住宅等空间不错的选择。这类设计形式并不适用于整个空间大范围的使用，可以选择应用在空间中一个比较有代表性的区域，比如会所的入口或者走廊，或者住宅的影音室，会给人留下深刻的印象。

 # 八、将顶面的大型几何灯具作为间接照明

人工照明设计既与技术有关，也与建筑师和客户的特殊偏好和观念有关。美发沙龙或美容院需要充足的照明，以最大限度地提高空间的美感和功能质量。

此项目以定制设计的大型几何灯具为特色，为整个区域提供了间接照明，再搭配可调光的背光镜子。此外，设计师还在绿色墙面上设计了重点照明，以突出植物的不同纹理和颜色。

△ 具有三维立体感的嵌入式照明系统

△ 将顶面的大型几何灯具作为间接照明

DESIGN 室内照明设计教程

住宅空间照明设计重点

第五章

玄关空间照明设计

第一节

 一、根据玄关风格选择灯具

玄关灯具的选择一定要与整个家居的装饰风格相符。现代风格的玄关一般选择灯光柔和的筒灯或者隐藏于顶面的灯带进行装饰；欧式风格的别墅通常会在玄关处正上方顶部安装大型多层复古吊灯，灯的正下方摆放圆桌或者方桌并搭配相应的插花以增加隆重的仪式感。

△ 欧式风格别墅的玄关吊灯正下方通常会搭配摆设插花的矮桌，以增加隆重的仪式感

二、根据玄关面积选择灯具

如果玄关区域面积不大，那么吸顶灯与筒灯应该是最佳选择。如果玄关区域的空间较为空旷或者是层高足够高，那么吊灯、壁灯或者边桌与台灯的组合，都是不错的选择，但照明高度较低且占用空间较大的落地灯，不推荐使用。如果是别墅的玄关，吊灯一定不能太小且灯光要明亮，不宜吊得过高，要比客厅的吊灯低一些，与桌面的花艺形成很好的呼应。

△ 别墅的玄关，吊灯一定不能太小且灯光要明亮，不宜吊得过高，要比客厅的吊灯低一些，与桌面的花艺形成很好的呼应

三、根据玄关功能选择灯具

从功能上来说，如果玄关主要用发挥收纳功能，就可以用普通照明，吊灯或吸顶灯都没问题，收纳柜里可以安装小的衣柜灯；如果玄关只作为通往客厅的走道，那么可以采用背景照明，或者具有引导功能的照明设备，比如壁灯、射灯等。

四、玄关柜上的灯具陈设

玄关柜上可摆放对称的台灯作为装饰，一般没有实际功能，有时候也用三角构图，摆放一盏台灯与其他摆件和装饰画协调搭配。完成摆设后，从正面观看呈三角形，这样显得稳定而又有变化感。无论正三角形还是斜边三角形，即使不大正规也无所谓，只要在摆设时掌握好平衡关系就可以，但台灯的色彩要与后面的装饰画的色彩形成呼应。

△ 在镜子周围加上一圈暗藏灯带，勾勒出有趣的几何图形，同时柔和朦胧的灯光能给人以安全感

△ 上柜的底部安装嵌灯，既可以作为摆件的重点照明，也为取放物品提供方便

△ 玄关柜上的台灯通常与摆件形成三角构图，更强调装饰性

五、玄关灯光设计方案

玄关一般都不会紧挨窗户，要想利用自然光来提高光感就比较困难，而合理的灯光设计不仅可以提供照明，还可以烘托出温馨的氛围。

玄关的照明一般比较简单，亮度足够，能够保证采光即可，建议灯光色温控制在2800K左右。建议在门口安装人体感应灯具，在人进门时即自动启动开关照明，既方便又省电费。除了一般照明外，还可在鞋柜中间和悬吊的底部设计间接光源，方便客人或家人进出时换鞋。如果有绿色植物、装饰画、工艺品摆件等软装配饰，那么可采用筒灯或轨道灯形成焦点聚射。

如果在鞋柜下方装设间接照明，装设的位置大约距地面300mm。但地面如果是瓷砖或花岗岩等具有光泽的材料，则会出现照明器具的反射倒影，必须根据地面材料选择照明的种类。

△ 射灯＋灯带的照明组合，在鞋柜底部设计间接光源，方便客人或家人进出时换鞋

△ 吊灯＋壁灯的组合，适合面积相对较大的玄关空间，灯光色温控制在2800K左右

△ 地面如果是瓷砖或花岗岩等具有光泽的材料，则会出现照明器具的反射倒影

过道空间照明设计

一、多盏吊灯的设计

在实际的照明设计中，选择何种灯具来照明，设计者需要根据过道的实际环境，或者居住者的用光需求来决定。除此以外，灯具的使用数量，则是由过道的长宽来决定的。

过道灯具的安装需要保持同一方向，高顶的过道应选择低悬挂灯。灯具和地面之间至少应保持 213cm 的距离。如果过道狭长，可以通过在吊顶布置多盏吊灯的手法，将空间分割成若干个小空间，从而解决过道过长的问题。同时，多盏灯具的布置，也丰富了过道空间的装饰性。

△ 根据走廊结构依次排开的多盏吊灯，让整个空间的光照十分均衡

二、过道壁灯安装要点

在过道空间中，壁灯一般可安装在距离地面 220cm 左右的高度。灯具之间的间隔可以调整 250cm 左右，以此得到均等的高度，但是光的扩散方式会随着灯具大小和光源的瓦数变化而变化，因此必须按照实际情况进行调整。

如果选择壁灯组或者吊灯组作为过道空间的照明灯具，最好选择小型灯具。反之，如果灯具在空间中的占有面积过大，会增加过道区域的视觉压迫感。

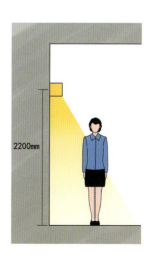

2200mm

△ 过道壁灯安装高度

三、线性灯具的应用

由于过道属于狭长型的空间，所以选择的照明灯具一般需要提供长距离的照明光线。除了使用灯具组来照亮空间以外，线性灯具也是最佳选择之一。线性灯具可以是直线型甚至曲线型，具体可根据过道空间的结构来确定。从灯具的安装位置来说，照明灯具可出现在顶面、墙面及地面三个区域。

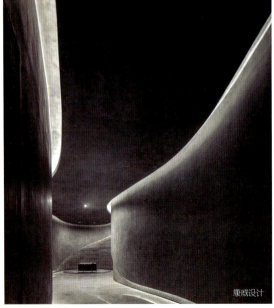

△ 曲线型线性灯具

△ 直线型线性灯具

四、过道灯光设计方案

过道照明设计应重视行走时的安全性，正常情况下，一般需要 30~75lx 的照度。除了必须具备长明灯的功能外，还应让光照射到墙壁上，让人可以看到过道的尽头。在卧室到卫浴间的过道上可以安装亮度约为 5w 的脚灯，位置为地面往上约 300mm。夜晚只需将脚灯点亮，人就可以安全地去卫浴间，又不会因为太亮而失去睡意。

除了一些实用性照明之外，还可以利用灯光为空间增加些许装饰效果。例如，很多人会在过道挂装饰画或照片作为装饰，这时就可以考虑根据挂画的位置做一些氛围渲染，一般采用可调角度的射灯，就能令装饰画或照片的质感得到很大的提升。此外，还可以通过特殊的灯光设计手法，来打造出富有装饰感的光影空间，但要注意的是，灯具在空间中分布，一定不能成为人们在过道中行走的障碍。

△ 将嵌灯组依次排列在过道顶面的中线区域，以最简单的分布形式，发挥最实用的照明功能

△ 采用可调角度的射灯来点亮空间，即使后期在墙面上挂画，也可以通过灯光让装饰画获得更好的视觉表现力

楼梯空间照明设计

 一、楼梯灯光设计原则

　　家中有老人或儿童的复式住宅空间，应考虑楼梯空间的照明，以提升居住的舒适性与方便性。楼梯空间的照明必须足以确保安全上下楼梯的亮度。宜选择 2700~4500K 暖黄光或暖白光。特别是在下楼梯的时候，如果光源给人刺眼的感觉，或是因为人的影子让高低差变暗，都有可能发生踏空而跌倒的意外。

　　楼梯安装灯具的部位可以在侧边、中部或沿着每层楼梯横向方向延展。在设计时可以考虑在楼梯转角处设置吊灯，让视觉有停驻点；也可以利用地脚灯照亮每一层台阶；或者以扶手为线导引灯光，线性灯光也可增加空间的装饰性。光源可选择省电的 LED 灯，这样就不用担心耗电的问题了。

◎ 集光型的筒灯会让影子太过明显，让人无法看到楼梯的高低差，应避免使用。同时应注意，不应让人直接看到光源。

◎ 不论上楼还是下楼，一定要设计脚灯让人看清楚所要踩的第一个台阶。

◎ 如果装设壁灯，应避免使用朝上的照明，否则会让下楼梯的人看到光源。

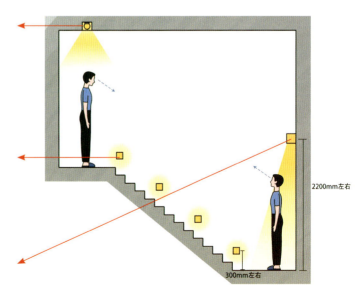

没有扶手结构，且在楼梯两侧无墙面做依靠的简易楼梯通常称为开敞式楼梯间。相比于其他类型的楼梯间，这种楼梯空间更需要充足的照明。但其特殊的结构，导致很多灯具无法安装。这时，设计者便需要结合楼梯间周围的环境、台阶的结构，甚至台阶的材质等多个方面，来选择合适的照明灯具。

二、兼具装饰性与实用性的吊灯

楼梯是家里一道特别的风景，在此处布置吊灯一定要与楼梯和扶手的风格相统一。吊灯的亮度要适中，达到楼梯间的照明要求即可，尽量避免局部过亮而产生炫光。吊灯的大小和长度可以根据楼梯的宽窄和长短进行调整。欧式风格的楼梯间可以使用水晶灯来增加华丽感。这样既保证了楼梯的照明，又极具装饰性。

△ 吊灯的大小和长度可以根据楼梯的宽窄和长短进行调整

△ 欧式风格的楼梯间可以使用水晶灯来增加华丽感

△ 现代风格的楼梯间吊灯可采用高低错落的悬挂方式

三、营造视觉层次的地脚灯

在楼梯的照明设计中，地脚灯是最常用的一种灯具。这种灯具不仅可以安装在楼梯间两侧的墙面上，还可直接安装到台阶的侧面。从照明效果上来说，采用地脚灯来照亮每一层台阶，能给楼梯空间带来颇具韵律的美感。地脚灯的安装高度一般距离台阶 30cm 左右，建议在台阶的高低差处连续安装地脚灯，这样无论上楼还是下楼，光源都不会被人看到。

四、与楼梯平行的线性灯光

借助扶手结构，安装一条与扶手平行的线性灯具，为楼梯空间提供稳定而实用的照明。除此以外，灯具的安装位置可在扶手的上、中、下任意位置，但其光照一定要覆盖扶手区或楼梯台阶。需要注意的是，这种照明不适用于要求较高照度的公共区域，如果台阶很宽大，那么需要设计其他辅助照明，以提高照度安全系数。

△ 安装一条与扶手平行的线性灯具，为楼梯空间提供稳定而实用的照明

△ 采用地脚灯来照亮每一层台阶，能为楼梯空间带来颇具韵律的美感。地脚灯的安装高度一般距离台阶 30cm 左右

五、楼梯壁灯安装要点

如需提升楼梯空间的亮度或灯光装饰效果，可以考虑在楼梯墙面上安装壁灯。壁灯的安装高度一般距离地面或楼梯台阶上方约 220cm。需要注意的是，应尽量避免在楼梯空间使用朝上照明的壁灯，以免人在下楼时看到光源，对视线造成影响。

 六、台阶下方藏灯带的设计

台阶下方藏灯带是最常用的一种灯光设计手法，将 LED 灯带嵌入楼梯台阶下方，实现"见光不见灯"的理想效果，注意，应遵循易拆卸和可维护的原则。灯亮的瞬间，楼梯化身为极具线条感的艺术品。这种照明方式的施工安装难度不大，关键是节点大样的准确性和有细致耐心的施工人员。

△ 楼梯壁灯的安装高度一般距离地面或楼梯台阶上方约 220cm

△ 将 LED 灯带嵌入楼梯台阶下方，实现照明的同时又为楼梯间带来一种柔和的光感

客厅空间照明设计

一、客厅灯具的设置

在为客厅配置灯具时，首先需要保证整个房间的总体照明，通常在房间的中央配置一盏单头或多头的吊灯作为主体灯。主灯的选择根据房间的高度、空间大小、装饰风格等有所不同。如果客厅较大而且层高在3m以上，宜选择大一些的多头吊灯；层高较低、面积较小的客厅应该选择吸顶灯，因为光源距地面2.3m左右，照明效果最好。如果房间层高只有2.5m左右，那么选择厚度小的吸顶灯就可以达到良好的整体照明效果。

通常面积较大的客厅中除了主灯外，还需要更多辅助类灯具，如固定式壁灯、折叠及悬臂壁灯、筒灯、射灯等。如果主人经常坐在沙发上看书，建议用可调节的落地灯、台灯来做辅助，以满足阅读亮度的需求。

落地灯
作为沙发区域的局部照明可满足坐在沙发上的人阅读时亮度的需要。

明装筒灯
作为辅助照明，赋予装饰画更强的立体感和棱角感。

主灯
通常具有较好的装饰功能，并且作为客厅空间的主要照明。

为客厅选择灯具时，最好将风格作为标准。此外，还可选择配套的灯具组合来点亮客厅区域，这样会让人觉得整个灯光设计更具整体性。要避免选用多种灯具样式，以免给空间带来混乱的视觉感。如果客厅需要使用五盏及以上灯具，可适当加入其他类型的灯具来丰富视觉效果，但整体风格应保持不变。

二、客厅灯光设计原则

客厅的灯光分布需要分清主次且突出重点，应提前预计好不同的居住、使用场景，对照明设计需求进行有目的、有层次的分解，以便达到在不同的使用场景下，居住者都能获得相对合理的照度以及便捷的灯控体验的目的。通常，色温约 3000K 就能达到一般人对客厅的明亮度要求。

客厅照明还需要考虑光源在墙地面投影区域的面积和光影形状，墙面的主要材质及色彩，以及沙发、茶几、柜子、窗帘的材质和色彩，同时要考虑地板及地砖的样式之间的协调性，减少墙面、地面材质对照明光线造成不必要的镜面反射。

过长或者过于正方的客厅，在设置照明点位时，需要分析各光源的发光能力与光线投射距离之间的关系，以免局部过暗或者过亮。在色温的选择上，同一照明层次内的若干个照明点位可以选用相同或相近色温的光源，无须同时打开的几组光源，不一定非得追求色温统一。

客厅照明点位的设置应尽量避免与可能相邻的餐厅区域的灯光分布发生冲突，比如，最好不在同时开灯的情况下出现不必要的光影重叠。

△ 如果是客厅与餐厅处在同一个大的长方形区域内，那么应尽可能保证这个较大空间里灯光分布的均匀性，必要时使用点光源阵列对客厅、餐厅区域进行划分，并且最好与客厅、餐厅本身的基础照明线路进行分路控制

△ 石材、乳胶漆、木地板等客厅墙面、地面材质的反射系数各不相同，进行照明设计时应加以充分考虑

三、客厅空间的灯光层次

在众多功能空间中，客厅所需要的灯光层次应当是最多的，除了实用性外，更多的是通过丰富的灯光层次来美化与装点客厅空间。

如果想要让客厅获得出众的视觉表现力，那么最好将灯光层次控制为四至六层。如果空间足够高，可在此基础上适当增加灯光层次。每一种灯光层次其实都存在着不同的表现形式，具体的设计方案需根据实际环境的构造来定。

顶面的吊灯和筒灯是客厅的两层灯光，墙面的壁灯让空间获得第三层灯光，边几上的台灯是第四层照明光源，由壁炉所映射出的自然火光便是客厅的第五层照明光源。这种将光照从空间最上方带到空间最下方的照明方式，形成了一种全面覆盖的光照效果。

客厅的艺术吊灯与顶面的筒灯以及灯带依次是整个客厅的前三层照明灯光，沙发墙上的灯带是空间中的第四层灯光，边几上摆设的台灯是客厅中的第五层灯光。由此可见，这个空间的五层灯光设计，将照明重点放在了灯光的中、上方区域。

四、突出视觉焦点的灯光设计

客厅空间无论大小，都需要在其中打造一个突出的视觉焦点，这样才能让客厅在视觉上更具形式美感。客厅中的焦点设定除了可通过色彩搭配、材质反差等方式外，还可以从照明设计的角度来打造客厅突出的视觉焦点，其主要设计方式除了适当提高焦点照明的亮度以外，还可结合转角设计手法。

 ## 五、客厅饰品重点照明

可以对客厅空间中某些需要突出的饰品进行重点投光，使该区域的光照度大于其他区域，营造出醒目的效果。可在挂画、花瓶以及其他工艺品摆件等上方安装可调角度的轨道射灯或 LED 射灯，让光线直接照射在需要强调的物品上，将色泽、质感凸显得更精致，达到重点突出、层次丰富的艺术效果。

△ 如果上方有射灯，黑色、褐色等深色系的相框能更好地衬托画面

△ 空间的转角处具有一定的视觉收缩功能，因此在墙面的交会处设置焦点照明是最佳选择。两盏小吊灯安装在客厅墙面的转角处，可在第一视角收获人们的关注

△ 在壁炉上方设计重点照明，使得该区域的软装饰品达到重点突出、层次丰富的艺术效果

六、电视区域灯光设计

在电视区域的灯光设计中，有柔和的反射光作为背景照明就可以了。尽量避免光源直接投射到电视屏幕，或由电视墙直射观看者，从而造成眼睛疲劳。建议在设计电视墙的光源时，让光源打向顶面或墙面、地面而非电视机，避免反光效果。如果采用射灯类灯具照明，需留出适当距离。此外，电视墙周边的辅助照明灯具如果过多过杂，就会干扰人的视线，实用性不强，建议减少到最低限度。

电视机附近应有低照度的间接照明，以缓冲夜晚看电视时电视屏幕与周围环境的明暗对比，减少视觉疲劳。如放一盏台灯、落地灯，或者在电视墙的上方安装隐藏式灯带，其光源色的选择可根据墙面的本色而定。

△ 电视机上方的顶面安装光线柔和的灯带

△ 安装隐藏式灯带的照明形式

△ 电视柜上摆设台灯提供低照度的观影照明

七、沙发区域灯光设计

沙发区域的照明不能仅突出墙面的装饰物，同时要考虑坐在沙发上的人的主观感受。灯光应以柔和、舒适为主，光线应避免直射人的脸部及眼部，眩光是绝对不允许出现的。可以选择台灯或落地灯放在沙发的一端，让灯光散射于整个客厅。也可在墙上适当位置安装造型别致的壁灯，使"壁上生辉"。如果需要射灯来营造气氛，那么要注意避免直射到沙发上。

摆放在沙发后侧的台灯，不需要过于明亮。最好选择灯罩用半透明材质制成的灯具，既避免刺激性光线给坐在前方沙发上的人们带来不适感，也可渲染出一种较为舒适、柔和的光影层次。

△ 摇臂式落地灯为沙发区域提供局部照明，方便居住者坐在沙发上看书报

△ 自上而下，由顶部筒灯、落地灯和台灯构成丰富的照明层次

△ 沙发墙区域的照明不宜过于强烈，可通过灯带与小吊灯等满足亮度需求

卧室空间照明设计

一、卧室整体灯光设计

卧室中一般建议使用漫射光源，吊灯的装饰效果虽然很强，但是并不适用层高偏矮的房间，特别是水晶灯，只有层高确实够高的卧室才可以安装水晶灯以增加美观性。如果以吊灯为卧室的主要光源，那么，不应将吊灯安装在床的正上方，而应安于床尾的上方，床头以壁灯或台灯进行辅助照明。

卧室顶面避免使用太花哨的悬顶式吊灯，否则会使房间出现许多阴暗角落，也会在头顶汇聚太多的光线，甚至造成一种紧迫感。在无顶灯或吊灯的卧室中，安装筒灯进行点光源照明是很好的选择，其光线相较于射灯柔和一些。如果空间比较大，可考虑增加灯带，通过漫反射的间接照明为整个空间提供辅助照明。

△ 将吊灯作为卧室空间的基础照明时，应注意避免人躺下时光线直接进入视线位置

△ 卧室取消顶灯的设置，采用吊顶和墙面隐藏的灯带等漫射照明更能营造温馨氛围

△ 卧室宜选择橘色、淡黄色等中性色或暖色系光源

二、卧室床头灯光设计

　　床头的灯光是为了让人在床上进行睡前活动和方便起夜设计的。在床头柜上摆设台灯是常见的方式。但有些卧室面积不大，没有空间摆放床头柜，或者床头柜本来很小，放台灯会占用很多空间。很多人习惯靠着床头看书，床头柜上肯定要放几本杂志，所以照明灯光可以考虑设计在床头背景中，用灯带或壁灯都可以。对于面积较小的卧室空间，通常可以根据风格的需要选择小吊灯代替台灯。

　　如果设计者觉得一组灯具并不能满足居住者在床头区域的所有用光或装饰需求，那么可考虑采用混合式搭配法来制订该区域的灯光设计方案，其主要设计手法是通过两组或两组以上的照明组合来照亮床头区域。

△ 小吊灯 + 台灯

△ 小吊灯 + 落地灯

△ 小吊灯 + 壁灯

△ 床头两侧安装壁灯

△ 床头两侧放置台灯

△ 小吊灯代替台灯

三、卧室衣柜照明设计

衣柜通常有一定的深度，卧室中的灯光一般很难照进衣柜，安装衣柜灯可方便使用者在打开衣柜时，看清衣柜内部的情况。

衣柜内安装的灯具分为手动开关灯和自动感应灯两种类型。虽然自动感应灯比较方便，但如果家庭成员多、动静大，那么自动感应灯常常被点亮，就会产生浪费甚至干扰。这时，建议安装手动开关衣柜灯，最好选用发热较少的LED灯具。

△ 衣柜的内部层板上可安装灯带，方便夜晚拿取衣物

磁吸感应小夜灯		小巧方便，不占用衣柜空间。而且大部分是USB充电或者电池的模式，安装方便，直接吸附上去就可投入使用	电池容量相对较小，每隔一段时间就得充电。而且，点光源会让光线覆盖不均匀
线性感应衣柜灯		可以让衣柜内的光线更充足、更均匀，在定制衣柜时直接要求厂家预留好嵌入衣柜灯的位置，会更美观	布线安装相对比较复杂，如果有感应功能，若感应探头和灯具的位置安装不当，则容易导致感应出现错误
感应衣架灯		安装方便，可直接代替衣架，既能起到照明的作用，也不影响衣柜空间	质量差、硬度不好的衣架灯可能会弯曲，因此选购时要细心留意

四、卧室氛围灯光设计

卧室主要是用来睡觉的，因此，营造助眠的氛围也是卧室灯光设计的目的，可以在卧室适当增加氛围照明。桌面或墙面是布置氛围照明的合适地点，例如桌子上可以摆放仿真蜡烛，渲染情调；墙面可以挂微光的串灯，营造星星点点的浪漫氛围，使卧室变得更加温馨。一些卧室空间甚至会在床的四周低处使用照度不高的灯带，活用灯光，以增加空间的设计感。

在卧室空间的气氛照明设计中，隐藏式灯具是最常用的照明灯具。就其的安装位置进行分析，床头区域与床的下方区域是设计的重点，将灯带嵌入这两个区域，可为居住者营造一种颇为轻松且不失情调的就寝氛围。

在卧室空间的照明设计中，隐藏式灯具只能作为氛围照明，因此，为了保证居住者在睡眠以外的时间段内能够进行正常的日常活动，需要同时搭配实用的照明灯具来点亮空间。

△ 在床头两侧的墙上设计隐藏式灯带

△ 在床的三边与地面的接触部位安装低照度的灯带

儿童房空间照明设计

 ## 一、儿童房灯具的选择

儿童房所选择的灯具应在造型与色彩上给孩子轻松、充满意趣的感觉，以拓展孩子的想象力，激发孩子的学习兴趣。

儿童房可以选择一些富有童趣的灯具。一方面可以和空间中其他装饰相匹配；另一方面，童趣化的灯具一般成本不太高，便于今后根据儿童的年龄随时更换。一般木质、纸质或者树脂材质的灯更符合儿童房轻松自然、温馨的氛围。

在整个儿童房中，睡眠区往往是占地面积最大的区域。对于该区域的灯光布置，设计者通常需要进行单独处理。该区域要尽量选择灯罩为半透明材质的灯具，使照明光线更趋于柔和。

在为儿童房的阅读空间选择灯具时，应遵从足够明亮但不会刺眼的原则。如果阅读空间的面积足够大，那么可以选择一款照明光线足够稳定且集中的灯具作为局部照明灯具，最好选择无频闪灯具，这样可在一定程度上提高儿童在阅读过程中的注意力。

△ 儿童房床头区域的灯具除了选择合适的造型外，还应保证孩子躺在枕头上看不到灯头

△ 儿童房灯具的色彩应注意与布艺、装饰画以及其他工艺饰品等软装元素相呼应

儿童天性活泼、好动，又对事物充满强烈的好奇心，尤其是年幼的孩子，但他们缺乏必要的自我保护意识。因此，儿童房里若安装壁灯，应注意电源线不可外露，以免不懂事的孩子拿电线当玩具来摆弄。如果孩子很小，就不要挑那些容易让孩子触摸到灯泡的灯具，避免发热的灯泡烫到小孩稚嫩的肌肤。最好选择有封闭式灯罩的灯具，或加一层保护罩。

△ 飞机造型的吊灯与动物造型的台灯富有童趣，同时在色彩上给人以轻松感

△ 可调节角度的摇臂式壁灯可以满足不同区域的照明需求

△ 彩色的鸟笼铁艺吊灯富有装饰性，真羽毛的假鸟在镀铜的灯罩中找到了栖身之所，从铜丝缠绕鸟笼到电线，皆由手工制造

二、儿童房灯光设计重点

活泼且充足的照明，不仅能让儿童房的空间更加温暖，而且还有助于消除孩子独处时的恐惧感。儿童房应避免只设计单一照明开关回路，而应设计不同回路，以符合睡眠、游戏、阅读等不同使用需求，灯具最好选择能调节明暗或者角度的类型。一方面由于孩子在房间里的活动面较广，灯具角度的调节可以满足不同区域的照明需求；另一方面可在夜晚把光线调暗一些，增加孩子的安全感，帮助孩子尽快入睡。

儿童房兼具游戏、学习、睡眠等多种功能，而不同的功能区，对于光线的要求也会有所不同。

区域	图示	照明要求
游戏区		可以作为整个房间的主光源，光的强度和面积都可稍大一些
学习区		光线强度适中，但要集中一些，由于孩子的视力还没有发育成熟，太亮的光线会损害孩子的视力，光源的面积太大也会使孩子的注意力不集中
睡眠区		安装方便，可直接代替衣架，既能起到照明的作用，也不影响衣柜空间

由于孩子在玩耍、学习及睡觉时所需要的照明都是不一样的，因此儿童房的照明设计不能太过单一，一般可分为整体照明、局部照明两种。当孩子游戏娱乐时，以整体照明为主，而且光线应尽量柔和，有益于保护孩子的视力。在学习、读书以及做手工时，则可选择辅助灯饰来加强照明。此外，适当搭配一些装饰性照明，可以让儿童房空间显得更富有童趣。

◆ 整体照明

儿童房的整体照明一般以吊灯、吸顶灯为主，灯具的造型可以适当活泼一点，如星星月亮造型、小动物造型、卡通人物造型等都是很好的选择。儿童房的整体照明设计，要以给孩子创造舒适的睡眠环境和安静的学习环境为原则，因此其灯光宜柔和，并且应避免光线直射面部。此外，主灯的色温以暖色为宜，温暖的光线不仅对视力有保护作用，而且能够营造出温馨的气氛。

△ 1.吊灯作为整体照明，其光线柔和。有益于保护孩子的视力

　　2.可调节角度的台灯作为学习区的局部照明，可创造一个安静的学习环境

　　3.将嵌入式筒灯作为储物区与帐篷处的局部照明，方便在夜间玩耍和拿取物品

△ 1.将富有趣味性的飞机造型的吊灯作为整体照明，间接打光的方式有益于保护孩子的视力

　　2.将嵌入式筒灯作为局部的重点照明，更好地衬托出墙面的装饰物

　　3.台灯作为床头区域的局部照明，方便孩子在夜间翻阅书报

儿童房的整体照明度要高于成人房间，因为儿童需要明亮的视觉感受，但亮度一定要适当，如果灯光过于明亮、耀眼，久而久之，孩子的视网膜会受到不同程度的损害，不仅会为近视埋下隐患，而且还会使孩子注意力不集中、食欲下降、情绪低落等。

◆ 局部照明

儿童房的局部照明通过壁灯、台灯、射灯等来满足不同的照明需要。此外，儿童房适当设置一些如壁灯、射灯等富有装饰性的灯具，不仅能让儿童房的光影效果显得更加多元化，而且还能为空间营造出天真烂漫的氛围。

对于正处于学龄期的儿童来说，学习是目前首要的任务。由于做作业时需要一个良好的照明环境，因此可以在书桌上摆放一盏精巧别致的护眼台灯，以满足孩子学习时的照明需求。需要注意的是，台灯的电源插座一定要固定在高处或者儿童不容易碰到的地方，以免发生意外事故，对孩子造成伤害。此外，还可以在儿童房安装一盏低瓦数的夜灯，让孩子在夜间醒来时更有安全感。

△ 兼具装饰与实用功能的粉色台灯为学习区提供局部照明，同时实现女孩心中的公主梦

△ 将猴子荡绳索造型的小吊灯作为床头区域的局部照明灯具，体现出男孩活泼可爱的性格

△ 一个空间中设计三处局部照明，分别是床头小吊灯、靠窗处的茶几和书桌上的台灯，满足了不同区域的照明需求

儿童房必须随孩子的年龄来改变具体的照明方式。10 岁前后是小孩眼睛发育的关键时期，房间内要尽可能保持明亮，避免出现影子，一般可用顶面的主灯确保整体的照度，并在书桌上摆设台灯。随着孩子的成长，除了亮度以外，还必须营造出合适的氛围，因此可以事先装好照明用的轨道，这样就可以随着小孩的年龄来调整投射灯的角度。

△ 吸顶灯与轨道射灯组成的整体照明，适合层高偏矮的儿童房空间

△ 孩子 10 岁以前，儿童房空间可通过整体照明以及局部照明，来确保整体的照度

△ 孩子成长以后，儿童房空间可用成组的射灯营造房间的气氛，用台灯来确保手边的亮度

在儿童房的灯光设计中，除了使用点光源以外，自然光也是不可或缺的重要光源。从保护视力的角度来说，自然光应该是最佳选择。对于孩子而言，保护性和安全性很重要。儿童房应尽量提供漫射光，只在个别区域，如书桌、玩具桌等处提供重点照明。灯具应尽量安装在孩子无法触碰的区域，并且选用低压照明产品。另外，尽管镜子和光滑的材质能在一定程度上改善室内的光亮度，但强烈的反光会损伤孩子的视力。

书房空间照明设计

一、书房照明灯具的设计

书房中的照明灯具应满足一般学习和工作的需要，营造平和安宁的氛围，一定不能使用斑斓的彩光照明，或者是一些光线花哨的镂空灯具。书桌上配置的台灯要足够明亮，不宜选择纱、罩、有色玻璃等装饰性灯具，力求营造清晰的照明效果。

书房中的灯具避免安装在座位的后方，如果光线从后方打向桌面，阅读时容易产生阴影。书桌上方可以选择具有定向光线的可调角度的灯具，既保证光线的强度，也不会让人看到刺眼的光源。

二、书房灯光设计原则

书房的照明应从两个角度来分析，一是稳定明亮的全局照明，二是具有针对性的局部办公区域照明，后者的用光比前者更加重要。书房照明的灯光要柔和明亮，避免眩光，让人舒适地学习和工作。

间接照明能避免灯光直射所造成的视觉眩光伤害，所以书房照明最好以间接光源为主，如在顶面的四周安置隐藏式灯带。通常，书桌、书柜、阅读区是需要重点照明的区域。

▷ 1. 将暖光灯带与嵌入式筒灯作为整体照明，间接光源的方式能避免灯光直射所造成的视觉眩光伤害

  2. 书桌区可以选择具有定向光线的可调角度的灯具，既保证光线的强度，也不会让人看到刺眼的光源

  3. 书柜中加入灯带进行补充照明，提升房间的整体氛围，既可突出装饰物品，也有助于人找到想要的书

  4. 在书房中的单人椅、沙发上阅读时，最好采用可调节方向和高度的落地灯

千寻软装设计

三、书桌区灯光设计

书桌区可以选择具有定向光线的可调角度的灯具，既保证光线的强度，也不会让人看到刺眼的光源。台灯宜用白炽灯，瓦数以 60 W 左右为宜。书桌台灯摆设的最佳位置是令光线从书桌的正上方或左侧射入，不要置于墙上方，以免产生反射眩光。

如果居住者经常在书桌区域进行书写、阅读活动，那么一定要让书桌区域拥有足够明亮的照明光线。此时，最简单的照明设计方式是拉近灯具与书桌的距离，使灯光能够直接而准确地照亮书桌区域，并且尽量选择护眼的白色或暖黄色光源。

如果想通过吊灯来点亮书桌区域，最好使用加长型吊灯。但安装吊灯时要考虑办公者在书桌前坐下以后的朝向、高度等因素，使吊灯能够为书桌提供所需的照明，而非照亮办公者的头顶。

△ 经常在书桌区域进行书写、阅读活动的话，应拉近灯具与书桌的距离，使灯光能够直接而准确地照亮书桌区域

△ 书桌台灯摆设的最佳位置是令光线从书桌的正上方或左侧射入，不要置于墙上方，以免产生反射眩光

在电脑周边安设灯具时需注意，不要让光线直接照射在电脑屏幕上，否则，会在屏幕上形成明显反光区，给电脑操作者带来困扰，并会使其眼部出现不适感。

四、书柜区灯光设计

书柜中嵌入灯具进行补充照明可以提升房间的整体氛围，既可突出装饰物品，也有助于居住者找到想要的书。具体可根据书柜的实际格局，选择不同的嵌入式照明方式，以此来满足居住者不同的照明需求。

书柜的光源可固定在柜子上方，或者在吊顶上安装射灯以便于拿取柜内的物品。光源同样是以不容易产生困意的高照度白色光为宜。书柜照明也可透过灯光变化，营造有趣的氛围，如设计轨道灯，让光直射书柜上的藏书或物品，就会发生端景的视觉焦点变化，起到画龙点睛的作用。轨道灯的轨道一般距离墙面 80cm 左右，一条 100cm 左右的轨道上，一般可以装设 2~3 盏灯具。

> 书柜上添加嵌入式灯具，可以让人清楚辨认书名，且不会产生直刺人眼的眩光。设计时应将光源放于靠前位置，并调整照射方向使光线射向层板边缘。建议提前与家具定制商沟通，选用较厚的层板，开槽嵌入灯带，既满足实用性需求，又可显著提高家具颜值"。

△ 书柜的开放式层板下方加入灯带的设计，既可增加装饰作用，又方便查找书籍

△ 在三列书架的左右两侧设计竖向灯带，在为书籍储存区提供照明的同时，也为书房空间增加了柔和的辅助照明

第八节

餐厅空间照明设计

一、餐厅照明灯具的设计

餐厅灯具以低矮悬吊式为佳，考虑到家人走到餐桌边多半会坐下对话，因此灯具的高度不宜太高，必须保证坐下时能看到对方的脸。想要让灯具与下方餐桌区互相搭配，就要让二者在某个方面形成呼应。例如可以根据餐桌的形态选择造型与之接近的灯具，或者是在图案、色彩等方面形成呼应，也可以使灯具与餐椅在材质、纹理、配色等方面形成配套组合。

△ 餐厅选择的圆形金属灯罩的直接型吊灯，与大理石餐桌、皮质餐椅等具有很强的关联性，都是轻奢风格空间应用的主要材质

△ 在中式餐厅中，圆桌上方往往安装圆形吊灯，这在传统文化中具有美好的寓意

△ 根据餐桌的造型选择灯具，让人第一时间就能将其看作一个整体

长方形餐桌既可以搭配一盏吊灯，也可以将造型相同的几盏吊灯一字排开，组合运用。如果吊灯体形较小，还可以将其悬挂的高度错落开来，给餐桌增加活泼感。若想要在餐厅安装三盏以上的灯具，可以尝试将同一风格、不同造型的灯具组合，形成不规则的搭配，营造出特别的视觉效果。

△ 多盏吊灯一字排开，富有韵律和美感，与长方形餐桌相匹配

△ 横排型灯具

△ 集中型灯具

通常组合式灯具在排列形式上又可分为横排型与集中型两种类型，其中的横排型就是将多盏灯具进行横向排列，十分适合用于长方形餐桌的照明；集中型就是将多盏灯具按照集中的排列方式组合在一起，可给餐桌上方带来极为集中的照明光源，但在光照的均衡感上，要远弱于横排型的组合灯具。

225

在组合式灯具的运用中，如果觉得单排的组合式灯具看上去略显单调，那么不妨再增添一组或多组组合式灯具。这样可在一定程度上丰富餐厅的视觉效果。但需要注意的是，在同一餐厅区域中，最好不要使用超过三组组合式灯具。

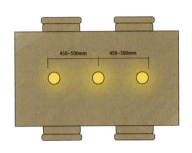

△ 餐桌上方安装一组吊灯的间隔距离

△ 层高较低的餐厅选择内嵌式筒灯作为主光源，同时添加一些蜡烛作为氛围照明

层高较低的餐厅应尽量避免采用吊灯，筒灯或吸顶灯是主光源的最佳选择。层高过高的餐厅使用吊灯不仅能让空间显得更加华丽而上档次，也能缓解过高的层高带给人的不适感。

空间狭小的餐厅里，如果餐桌靠墙摆放，可以选择壁灯与筒灯的光线进行搭配。用餐人数较少时，落地灯也可以作为餐桌光源，但只适用于小型餐桌。空间宽敞的餐厅选择性比较大，采用吊灯作为主光源，壁灯作为辅助照明是最理想的布光方式。如果用餐区域位于客厅的一角，选择灯具时还要考虑到与客厅主灯的关系，不能喧宾夺主。

△ 空间宽敞的餐厅选择吊灯作为主光源，壁灯作为辅助照明是最理想的布光方式

二、餐厅灯光设计原则

餐厅照明应以餐桌为重心确定一个主光源，再搭配一些辅助光源。从实用性的角度上来看，在餐桌上方安装吊灯照明是一种不错的选择，如果还想加入一些氛围照明，那么可以考虑在餐桌上摆放一些烛台，或者在餐桌周围的环境中，加入筒灯、台灯及壁灯等辅助照明灯具。

餐厅空间的灯具多以小型吊灯搭配暖色光源为主，其色温宜控制在 2500~2800K 之间。从心理学角度上来讲，暖色系更能刺激食欲，而在暖色调的灯光下进餐也会显得更加浪漫且富有情调。有一些餐厅会使用显色性极佳的白色光，这主要是为了让就餐者能够对餐桌上的食物进行明确分辨，避免造成误食而影响就餐心情。如需在餐厅设置工作区或阅读区，应在其上方设计让光源往下打的灯罩，并且灯具照度不可低于 450lx。此外还可以增加间接照明或移动式台灯，以保证眼睛不会因光线不足而受到损害。

△ 暖色光

△ 1. 顶面嵌入筒灯，灯光均匀分布，整体光线微弱、柔和，营造轻松的用餐氛围
2. 一字排开的组合式吊灯不仅装饰性强，而且作为主光源，是极为集中的照明

△ 白色光

厨房空间照明设计

 ## 一、厨房照明灯具的设计

厨房建议使用日光型照明。除了在厨房走道上方安装吸顶灯，满足走动时的灯光需求，还应在操作台面上增加照明设备，以避免因身体挡住主灯光线，导致切菜的时候光线不充足。通常采用能保持蔬菜水果原色的荧光灯。

为整个厨房带来基础照明的顶面灯光最好采用吸顶灯或筒灯的设计，但是在实际的设计过程中，即使采用吸顶灯或嵌灯照明，也有不同的灯光分布形式，既可以仅用一盏简单灯具，也可以采用组合式灯具，但后者更能体现出灯光设计的专业性及实用性。

真正适合厨房的灯具基本都是发光面比较大的灯具，这类灯具发出的光线是全方向的、柔和的，经过墙面和顶面的漫反射后，会均匀地布满整个厨房，将所有的部位都照亮。

安装灯具的位置应尽可能远离灶台，避开蒸汽和油烟，并使用安全插座。灯具的造型应尽可能简单，把功能性放在首位，最好选择外壳材料不易氧化和生锈的灯具，或者是表面有保护层的灯具。

△ 如果觉得吸顶灯与筒灯的组合过于普通，那么导轨射灯也是一个不错的选择，但应注意合理控制厨房区域顶面灯光的亮度

△ 吸顶灯与筒灯结合的照明设计形式，注意最好选择外壳材料不易氧化和生锈的灯具，或者是表面有保护层的灯具

二、厨房灯光设计原则

除了在厨房做饭以外，人们有时也会在此享用早餐，或是跟家人谈笑聊天，因此照明必须从功能和气氛这两方面来进行设计，基本上会选择整体照明与局部照明组合的方式。厨房照明以明亮实用为主，应将照度维持在450~750lx，建议使用日光型照明。比如，选择显色指数接近90，且色温在4000K左右的灯具。为了在做饭的过程中进行较细致的作业，料理台必须有300~500lx的照度。

厨房跟其他功能空间最重要的区别是每个角落都需要照明，而且这个空间不需要营造氛围，因为有氛围就代表有阴影和明暗的对比。厨房最需要的是均匀、明亮、高显色性且没有阴影的照明灯具。

如果是开放式厨房，在选择灯具时必须同时考虑来自客厅的光线，通常采用均分散点的方式布局照明。可以将LED筒灯作为厨房的主光源，并配合橱柜区域的灯带，以便于取放物件。

△ 1.顶面的筒灯主要分布在靠近操作区的一侧，遵循料理操作区的灯光亮度大于厨房其他区域的设计原则

2.在吊柜下方与墙面的夹角处安装隐藏式灯带，使之所发出的灯光能照射到操作台的每一个区域

3.在吧台上方增加两盏装饰性很强的小吊灯作为定向照明，方便居住者在该区域进行就餐活动

△ 开放式厨房中使用可调整角度的照明器具会更加方便，如果使用投射灯或筒灯，最好选择可以保证手边照度的窄光束灯具

小户型中，餐厨合一的格局越来越常见，选用的灯具要以功能性为主，外形以现代简约的线条为宜。灯光照明则应按区域功能进行规划，就餐处与厨房可以分开关控制，烹饪时开启厨房区灯具，用餐时则开启就餐区灯具。也可调光控制厨房灯具，光线备餐时明亮，就餐时调成暗淡，作为背景光。

△ 开放式厨房多采用均分散点的方式布局照明，并将嵌入式筒灯作为主光源

△ 餐厨合一的空间应按区域功能进行规划照明，就餐处与厨房可以分开关控制

三、操作区灯光设计

厨房操作区通常可划分为两大类，一类是具有隔断作用的处于外侧的独立式操作台；另一类是一面靠墙，且上方往往装有吊柜的常规型操作台。虽然同属于厨房操作区域，但这两种操作台在用光方面存在很大区别。

由于独立式操作台的四周没有任何墙面可供安装灯具，因此，一般选择吊灯作为该区域的最佳光照设备。至于另一类操作区，厨房的油烟机一般都带有 25~40W 的光源，它使得灶台上方的照度得到了很大的提高。有的厨房在切菜、备餐等操作台上方设有很多柜子，也可以在这些柜子底部安装局部照明灯具，以增加操作台的亮度。

△ 一面靠墙的操作台可在吊柜下方安装灯带，增加该区域的亮度

△ 吊柜底部安装灯具

◆ 常见的吊柜底灯类型

免拉手灯	嵌装在吊柜底板的前端位置更美观，但底板需减小尺寸。独立红外手扫感应开关，使用方便且不费电
LED 灯带	可以带来亮度均匀的光线。而且安装在橱柜边缘，还能突出轮廓线，形成一种悬浮感。安装在柜子底部距离墙壁 200~250mm 的地方。遇到拐角弯折处，可以使用软灯带
LED 筒灯	筒灯适合安装在吊柜底部靠后的位置，为台面、洗碗槽等区域提供照明，应按照橱柜走向和烹饪者的使用习惯来确定灯的位置
迷你转角灯	台面转角处常会放油盐、酱、醋等零散东西，适合安装迷你转角灯，转角光源通常安装在吊柜底部靠后的位置，有独立触摸开关

四、料理台灯光设计

　　从结构上进行划分，料理台的下方又可分为半封闭式和封闭式两种类型。其中半封闭式多用于独立式料理台的设计中，便于就座，可作为简易就餐区，这类料理台更适合设计氛围照明。如果是封闭式料理台，可在其最下方的位置安装线性隐藏式灯带，为空间注入一份神秘的气息。

　　除此以外，还可将地脚灯安装在不需要开门的料理台下方，为前方区域提供氛围照明与引导照明。当然，这两种照明方式同样适用于半封闭式料理台的下方照明设计。

△ 具有简易就餐区功能的料理台适合设计氛围照明

五、水槽区灯光设计

　　厨房中的水槽多数是临窗的，在白天采光会很好，但是到了晚上做清洗工作就只能依靠厨房的主灯。而主灯一般都安装在厨房的正中间，这样，人站在水槽前正好会挡住光源，所以需要在水槽的顶部预留安装光源的位置。如果追求简洁点，就可以选择防雾射灯；如果想要增加点小情趣的话，就可以考虑造型小吊灯。

△ 厨房临窗的水槽上方宜安装小吊灯作为辅助照明

六、收纳柜灯光设计

收纳吊柜的灯光设计也是厨房照明不可或缺的一个重要环节，可在收纳吊柜内部的最上侧安装照明嵌灯。为了突出这部分照明效果，通常会采用透明玻璃来制作橱柜门，或者直接采用无柜门设计。

橱柜一般收纳厨房的各种用品。在使用过程中会发现，往往在吊柜、最下方的橱柜、抽屉、拐角柜内，光线相对昏暗甚至照射不到，给取物带来不便。所以最好在柜内也安装灯具，这样便于日常取物。现在市面上有很多橱柜都提供内嵌光源。例如，在吊柜内部装顶部射灯，不仅具有照明的功能，还在一定程度上配合玻璃柜门起到装饰的作用。抽屉内部也可以安装光源，通常还会像冰箱一样带感应装置。当柜门打开时，柜内灯光自动开启；当柜门关闭时，灯光自动关掉。

△ 在收纳吊柜内部的最上侧安装照明筒灯，与玻璃门的设计相协调

◆ 常见的柜内灯具类型

LED 筒灯	吊柜内部照明盲区，无明显光源，可以用 LED 筒灯进行直接照明。一般安在吊柜顶部居中，中柜顶部靠后，无独立开关，需外接电源
LED 感应式抽屉灯	适合一些背光、阴影的区域，安装在抽屉柜两侧板处，类似于冰箱灯，拉开抽屉灯即亮，关上即灭
嵌入式硬灯条和面光源灯带	尺寸可裁切，需单独设立电源开关，安装在吊柜、高柜的侧板或底板上。当一些酒柜、展示柜收纳空间照明不足时，可以由面光源灯带进行补充
木层板灯	木层板内嵌灯，装在开放格木层板后端，隐藏安装更美观，不过木层板需适当减小尺寸以方便嵌入灯具

卫浴空间照明设计

第十节

 一、卫浴间灯具的设置

在一些小户型住宅及卧室中附带卫浴间的室内空间中，卫浴间的面积通常略显狭小，应选择一款相对简洁的吸顶灯作为基本照明，这样不仅可减少空间中所使用的灯具数量，还可最大限度降低灯具对空间的占用率。在各种灯具中，以吸顶灯与筒灯为最佳选择。但如果卫浴间的层高足够高挑，那么可考虑选择一款富有美感的装饰吊灯作为照明灯具。这样，卫浴间在拥有充足照明的同时，还能获得更加浓郁的视觉情调与装饰效果。卫浴间的灯具最好具备防水、散热及不易积水等功能，材质最好选择玻璃及塑料密封，以便于清洁。

如果卫浴间有窗户，必须注意灯具的安装位置，应安装在与窗户垂直的墙面上，避免身体的剪影出现在窗户的雾面玻璃上。此外，还应保证人在浴缸内泡澡的时候，照明灯具不会直接进入人的视线。

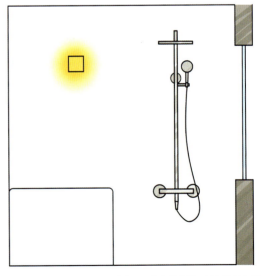

△ 卫浴间若有窗户，必须注意灯具的安装位置，避免使用者的影子出现在玻璃上

二、卫浴间灯光设计原则

卫浴间既有日常使用的需求，又有特殊使用的需求，因此需要使用多盏不同色温的灯具。建议主要照明选择 5000K 左右较高色温的灯具，氛围灯、镜前灯等选择 3000K 左右的低色温灯具。这样可以让卫浴间的灯光富有层次感。无论全部打开当作装饰，还是日常使用只打开其中几个，都能让人轻松适应。镜前灯的显色指数不宜低于 80，以便于梳妆打扮，其他位置灯具的显色指数可以适当降低，但不宜低于 60。

因为卫浴间里几乎所有的地方都是光滑的，都有镜面效果。再加上灯具的高度比较低，空间面积比较小，导致灯光可以轻松地实现多次折射，而且损耗较低。任何一个光源的亮度过高，都有可能产生刺眼的效果。解决这一问题的方法是，使用多盏灯具，但每一盏灯的亮度都不高，实现星光照明的效果。这样既没有特别亮的光源，同时又满足了卫浴间的照明需求。

卫浴间中使用彩光应注意一个原则——不能在对灯光显色性要求较高的镜前区域及洗漱区域的照明中使用，可以在吊顶、盥洗台下方、洗浴区等一些注重气氛表达的区域使用彩光。如果单一的彩光设计不能满足需求，可以考虑将多种彩光带到同一室内空间中，但最好选择拥有可变色光源的灯具，这样可以让居住者在不同的时间段，根据自己的心情或喜好进行不同的彩光照明选择。

△ 每盏灯具之间的间隔保持相对均衡的状态，这种有序的分布，让整个空间拥有了相对明亮且分外均衡的照明效果

△ 虽然空间中运用多处灯带与筒灯相结合的设计，但是每一处的光源亮度都不高，这样既避免了因为材料反射产生的刺眼效果，同时又满足了卫浴间的照明需求

注意，如果卫浴间选择多种彩光来营造氛围，最好不要采用多种不同的彩光同时照明，否则会在短时间内加速人们的视觉疲劳。

三、座便区灯光设计

在为座便区选择照明灯具时，应当将实用性与简约性放在首位，因为座便区即使仅仅安装一盏壁灯，也可起到良好的照明效果。但如果想利用灯光设计为此处增加几分艺术感，就需要加入一些具备装饰性的灯具。

△ 有些人在夜晚睡觉的过程中有起夜的习惯，为了不干扰正常睡眠，可在马桶区域增加一盏低亮度的灯具，用于夜间照明，避免因过亮的光线而让人失去睡意

△ 通过光源色的变换，使坐便区处于散发着不同情感的光影中

四、盥洗区灯光设计

盥洗台面盆区域的照明可考虑在面盆正上方的顶面安装筒灯或吊灯，同时照亮镜面与面盆区。如果想要追求一种细致的面盆区照明，就需要进行一些巧妙的灯光处理，可根据面盆区的实际结构来选择灯具。

盥洗台下方区域的灯光设计可把重点放在实用性上，例如，可在盥洗台最下方的区域安装隐藏灯具，通过其所散发出的照明光线，为略显昏暗的卫浴空间提供安全性的引导照明。

△ 在盥洗台左右两侧的墙上设计灯带，为该区域提供柔和的光线，设计简洁却恰到好处

△ 在盥洗台的一侧顶面安装两盏小吊灯，为面盆区域提供实用性照明，同时将整个场景定格为一个温馨的画面

△ 盥洗台的底部安装灯带，为采光不足的卫浴空间提供安全性的引导照明

五、镜前区灯光设计

在通常情况下，如果镜前区域的灯光没有过多的要求，那么可考虑在镜面的左右两侧安装壁灯。条件允许的话也可在镜面前方安装吊灯，这样一来，灯光可直接照射镜面。但同时要保证照明光线的柔和度，否则容易产生眩光。不管壁灯还是吊灯，在安装时一定要让两侧的灯具组对齐，否则，容易让镜前人的面部肤色看上去不均匀。

还可以在镜子的上方安装直接照明灯具，比如，选择一款长条形的灯具覆盖镜前区域，这样便可在一定程度上减少光源的安装数量。

△ 在镜子的上方安装直接照明的长条形灯具

△ 在镜子左右两侧安装壁灯

△ 在镜子前方安装小吊灯

△ 在镜子上方安装可调节角度的壁灯

 具体选择何种灯具来照亮镜前区域，应以给镜前人带来相对均衡的照明为原则，并且注重对光源色的选择。通常情况下，最好选择淡淡的暖色光源来点亮空间，白色光源也可以，但一定不要使用冷色光源。

△ 筒灯作为整体照明，可以让整个空间有足够的亮度，但会使脸部出现不自然的阴影

约1800mm

△ 在镜子左右两侧装上壁灯，这样脸部就不容易出现阴影了

如果卫浴间镜面后方留有足够的空间，那么可考虑在其后方安装隐藏式灯带，让镜面呈现出一种悬浮式的效果。此外，还可考虑在镜面的边缘处增设照明设备，从而让照明光线能够与镜面轮廓的造型完美贴合。如果卫浴间有镜柜，可以在柜子上方和下方安装灯带，照亮周围空间。采用这种灯光处理方式，不仅能够提升镜边区域的照明亮度，还可大幅度提升镜面在空间中的视觉表现力，也能减少面部阴影。此外，夜里上厕所时只需打开灯带，灯带的灯光不会因为太亮而使人失去睡意。

△ 沿镜柜的上下方安装灯带来照亮周围空间，是最常见的镜前照明方式之一

△ 卫浴间镜面后方安装隐藏式灯带，让镜面呈现出悬浮式的效果

六、洗浴区灯光设计

　　卫浴间的洗浴区通常被分为浴缸区和淋浴区，在同一个卫浴空间中，这两个区域可以同时存在，也可以独立存在。在灯光设计上不外基于两个原则，一是实用性的灯光设计，即以照明为主的灯光设计，其中最为重要的设计要点便是灯具的防水性；二是用于营造氛围的灯光设计，即利用光线或者是特殊灯具的使用，给洗浴空间营造一种别样的氛围。比如，用烛台灯具渲染氛围，但使用时一定要添加一款防水灯罩。

△ 两盏漫射型小吊灯让照明光线趋于柔和，为下方的浴缸区带来充足的光亮

△ 以顶面嵌入式筒灯结合墙面灯带的方式为淋浴区提供主要照明

△ 独立式浴缸上方的精美烛台吊灯成为空间的亮点，应注意加上防水灯罩

DESIGN 室内照明设计教程

工装空间照明设计重点

第六章

商业店铺照明设计

一、橱窗灯光设计

橱窗是商业店铺必不可少的部分，精美的橱窗要尽可能传达品牌的理念、加深消费者对品牌的印象、展现商品的品质。照明在橱窗中扮演着重要的角色。

如果橱窗的照度远低于室外的环境照度，就容易产生视觉黑洞，很容易被消费者忽略。所以在夜晚时，橱窗的光源显得很重要。一般，橱窗内的照度应相当于营业场所照度的2~3倍，并考虑白天和夜晚的不同照度要求，实行分组控制。橱窗的墙面可使用吸光的色彩，减少光源的反射，进而凸显橱窗内部产品的特色。橱窗内照明灯具的装设应当有足够的灵活性，以适应展示商品更换、季节变化的照明需求。一般采用轨道式安装，以便于灵活变换灯具的位置及投射方向。

△ 窄光束的灯具对模特身上的衣服进行投射，被照物与背景之间形成高亮度反差，带来强烈的视觉冲击

△ 整个服装店橱窗是整体照明的状态，明暗不分明，降低了对衣物的照明亮度，这样整个橱窗就成为路人的视觉焦点

橱窗使用的光源中，对于时装、鞋、帽等商品应采用线光源和聚光灯相结合的配光方式，即LED灯带和LED射灯相结合。任何情况下，橱窗的光源应该隐蔽，使橱窗前的人看不到光源。所有的灯光应集中到橱窗内部陈列的商品上，避免光源分散，照射到窗外，造成眩光。尽量使用隐蔽性和较为柔和的光源，以免产生刺眼的光线。建议使用高显色性的光源配合适当色温，这样，橱窗内的商品色彩不会失真。

但是光凭单一方向的打光很难呈现出丰富的灯光层次，因此，有的橱窗采用更精细的灯光设计，在橱窗前端的地板或左右两侧也设计隐藏灯具，力求提供多种角度的光。比如首饰、包或者鞋子之类的精品，通常会设计侧面打光，以强调其造型、质感。

△ 把富有创意的橱窗贴与灯光设计巧妙结合起来，形成比较强烈的明暗对比，突出了模特衣物，让路人将目光锁定在衣物上

◆ 橱窗照明设计重点

○ 合适的照度：平均照度值不低于1000lx。

○ 较强的明暗对比：一般橱窗照度比为5：1，高档店铺的比值可以更高。

○ 较高的显色性：橱窗内的灯光显色指数必须在90以上。

○ 眩光控制：选择光源深藏、带遮光罩的灯具或者间接照明灯具。

二、陈列区灯光设计

　　商业店铺的陈列区一般有层板架、吊挂、侧挂、集成展示柜等类型，封闭式陈列柜由于格子较多，所以多采用内藏线性光源来满足局部环境照明需要，搭配店铺的重点照明灯具，既可吸引客户的注意力，也表现了衣物的精致之处。

　　通常，开放式挂衣区域分为正挂区和侧挂区，其中正挂区的商品多为重点销售商品，在照明上多用重点照明的表现形式。而侧挂区则多为挑选区域，一般采用大功率中宽光束来整体照亮物品。除了中岛外，店铺内的展示墙是一个店铺内部非常重要的展示区域。所以灯光设计应该做到在整体店面协调统一的情况下，突出这些展示区域的内容。

△ 正挂区照明

△ 侧挂区照明

△ 展示柜照明

商业店铺的陈列时常需要变动，选择轨道灯可依据每次的布置调整光源位置和方向。灯光必须随着空间需要营造的氛围进行调整。如果想强调休闲感，可选用 4000K 的光源；如果想营造温暖感，可选择 2700K 的光源。但要注意不能使衣服的颜色失真，因此光源不能过于昏暗，否则显色性不佳，容易导致衣服色泽失真。

△ 陈列区域的照明应集中在产品上，灯光采用自然色调以衬托服装的颜色，并且要有很好的显色性

◆ **陈列区照明设计重点**

◎ 照度值与照度比：该区域的照度值比形象墙的照度略低，一般在 800~1000lx 左右。

◎ 整体照度：鉴于陈列特点，该区域不需要强烈的明暗对比，而应保持整体照度相对均匀。

三、中岛区灯光设计

中岛一般陈列店铺的主推产品、精品或新品。商业店铺的新品、精品都会透过店内模特直接呈现其新颖的款式、合体的裁剪、高品质的材质、绝佳的色彩搭配等。但每一季的衣物特色不同，因此照明设计的光源最好可移动，如使用轨道射灯增添弹性。设计时应根据中岛区的陈列状况，适当调整光源，不要出现阴影及眩光。直接光源虽然最不容易产生阴影，但显得平淡；侧光虽然容易有阴影，却有较丰富的层次，所以建议穿插使用直射光和侧光，具体根据现场情境调整。

△ 顶部的筒灯作为模特衣物的重点照明，在靠近地面处安装灯带营造悬浮感，突出该区域的重要地位

◆ 中岛区照明设计重点

◎ 充足的照度：使用照度为 2000lx 左右的照明灯具，与周围的环境照明形成一定的明暗对比。

◎ 灯具的光源选择：考虑到模特位置的变化，必须选择可调角度的灯具和窄光束（中光束）、大功率灯具。

△ 一盏精美的吊灯作为中岛区的视觉焦点，四周安装轨道式射灯以增加灯光照明的弹性

四、试衣区灯光设计

试衣区是顾客试穿衣服的场所，往往对能否成交起到决定性的作用，试衣间内的照明应该以 150~200lx 为宜，没有布置试衣镜的试衣区灯光照度可以低一些，这样显得更温馨。为了使顾客的肤色显得更好看，可以适当采用色温低的光源，使色彩稍偏红色。光源应具有良好的显色性，显色指数大于 90，以便于顾客选择适合自己的服装。试衣镜前的灯光要避免眩光。

△ 试衣区可以适当采用色温低的光源，使色彩稍偏红色，这样可以更好地衬托顾客的肤色

△ 除了顶面的筒灯以外，在镜子后面设计灯带，使顾客试衣时的显瘦程度相对更明显

◆ 试衣区照明设计重点

◎灯具与试衣镜的间距控制在 40~60cm 之间（一般层高条件下），使人在试衣时，垂直面可以获得更好的照明。

◎试衣区的展示效果关系到销售的成败，因此必须选用显示指数 > 90 的大角度 LED 射灯。

◎眩光的产生也会影响顾客的试衣体验，所以必须有效加强对眩光的控制。

一、餐饮空间的灯光功能

在餐饮空间中，恰当的灯光效果，可以快速改变顾客心情、增加顾客食欲、延长顾客停留时间、凸显餐厅重点内容、划分就餐区域等。

顾客进入餐饮空间后，首先唤起其视觉注意的就是灯光，之后是灯光照射之下的就餐环境。如果灯光柔和温润，即使原本情绪激动的顾客也会很快平复心情。对于休闲餐饮而言，灯光给顾客的第一印象，甚至能够瞬间改变其消费意愿。

餐饮空间运用合适的光色可以增强食物的质感，表现食材的真实颜色，提高人们的食欲。比如，一般想让熟食看起来更诱人，可选择偏橙色的灯光。在就餐过程中，灯光也能够影响顾客的决策。讲究翻台率的餐厅，更加需要明亮的灯光，以加快用餐进程；而营业时间较长的休闲类餐厅，则需要用柔和温润的灯光，来吸引顾客驻足和停留。

△ 休闲类餐厅需要用柔和温润的灯光来吸引顾客驻足和停留

△ 讲究翻台率的餐厅更加需要明亮的灯光，以加快用餐进程

二、餐饮空间灯具的选择重点

灯具的类型多种多样，不同灯具营造出的灯光效果也大不相同。餐桌上方的重点灯光应尽量选用显色性高的灯具，以便精准地呈现食物颜色，让菜品看起来新鲜可口，刺激顾客的食欲。此外，为了避免呆板的单一照明，可选择射灯、台灯、吊灯以及反光灯槽等不同灯具来营造不同的空间感。比如，可以在餐饮空间的顶部使用吊灯来提高整体照度。

许多甜品店或咖啡馆，会选择在桌边墙面上安装一盏具有浪漫情调的壁灯，以此改善整个用餐环境。有的餐厅选择在墙面嵌入带图案的 LED 灯带，或者墙面投影等装置，让餐厅显得更有格调。

△ 为了精准地呈现食物颜色，餐桌上方的重点灯光应尽量选用显色性高的灯具

△ 吊灯、筒灯以及反射灯槽的设计，减少了眩光的同时给空间带来明亮的光环境

餐饮空间应尽可能地采用一些装饰性灯具来提升氛围感。不同材料的灯具给人不一样的感觉：木质或竹编等自然材质的灯具让人感觉宁静古朴；做旧工艺的金属灯具彰显工业风；光线柔和的玻璃球灯凸显高雅精致；而大弧度抛物线造型的灯具显得现代时尚；铁艺复古灯具极具经典的欧美风格。依据主题餐厅、不同的风格，选择相应的灯具，往往能营造独特的氛围。

△ 竹编吊灯

△ 金属壁灯

△ 球形玻璃灯

　　还有一些餐厅选择用蜡烛来做补充光源，蜡烛摇曳的光线与温热的火苗，可营造出轻松、浪漫、温馨的氛围。如果想把灯光设计得更为精妙，可利用漫反射的原理，通过墙面、植物、金属的反光营造出不同的质感和色彩，为空间增加趣味。

三、不同业态餐饮空间的灯光应用

西餐厅中，顾客注重的是体验感，一般有小资情调，对环境的要求非常高。在光源选择上，应该采用柔和低调的空间调性，整体照度水平较低，一般以比较有特色的装饰性照明为视觉中心，但需要非常高的照度水平和准确的照度分布控制。另外，光线在很多时候可以用来划分空间，在大的开放空间中分割出局部、私密的小环境。我们还可以通过不同的光线强度、照射方向和色彩来提醒顾客不同空间之间的变化。

商务或其他宴请类的餐饮空间中，灯光的分布较为均匀，鲜有亮度对比所带来的情绪波动；点式光源、条带状光源或各种类型的灯具，都可以满足宴请类餐饮空间的照明要求。另外，要对配光给予高度关注，以使照明富有立体感。为满足宴请需求，还可以用壁灯或若干投光灯来打破一般照明的平面化限制，强化照明对人的形体尤其是脸部表情和轮廓的再现。

如果是快速消费的餐饮空间，前来就餐的顾客大多追求方便快捷的服务，因此整个空间调性应是欢快明亮的，一般采用简练而现代化的照明形式，建议采用 500~1000lx 高照度和高均匀度的布光来体现经济与效率。

△ 西餐厅照明

△ 商务型餐饮空间照明

△ 快速消费的餐饮空间照明

四、餐饮空间灯光的氛围营造

在餐饮空间和餐桌台面上必须有足够的光照，才能满足顾客就餐的基本需求。国际照明委员会《室内工作场所照明》（S008／E-2001）中建议，餐桌台面的照度以 200lx 为宜。国内《建筑照明设计标准》中则规定，中餐厅空间 0.75 m 水平面处照度不可低于 200lx，西餐厅空间不可低于 100lx。

餐饮空间中的灯光设计，需要根据不同区域选择恰当的照度和亮度，使人、食物、餐具和其他桌面摆设得到最佳呈现，同时还要给桌旁活动区和整个空间提供足够的照明。色温选择上，建议以 3000K 为宜，尤其是桌面部分，此色温最能呈现出食物与饮料的色泽，LED 挑选则以最接近此色温为原则。

△ 餐桌照明

◆ 餐饮空间灯光设计

基础照明
使用白炽灯泡或紧密型荧光灯，也可以只使用间接照明来设计

间接照明
光线较为柔和，在确保明亮感的同时也能营造出相对温馨的氛围

餐桌照明
使用可动式嵌灯，保证灯光能够准确地照射桌面

吊灯
不仅有效地营造出亲密的气氛，窗边的吊灯也能吸引外部视线

墙面照明
使用壁灯或聚光灯等来呈现墙面的重点

在气氛特殊的用餐环境中，如果想要营造出亲密的气氛，则可以使用吊灯来照亮桌面。此时，必须是位置不会变动的固定式餐桌，将吊灯安装在餐桌上方600~800mm处。气氛沉稳的餐饮空间偏好较低的照度，只靠桌面、壁面、间接照明等就足够了。此外，各个照明灯具具有调光功能也很重要，白天调得稍亮，夜晚调得稍暗，就能配合时间变化营造出更自然的气氛。

从使用手法来看，若是使用筒灯等灯具来照射桌面，配光范围狭窄的类型较容易表现出空间张力，也能给人以高端感等特殊印象。不仅如此，照在桌面上的反射光也能柔和地照亮围坐在餐桌旁的顾客的脸部；反之，如果使用配光范围广的筒灯，则容易营造整体明亮的气氛，给人平价的感觉。

◆ **餐桌照明设计**

配光范围小

配光范围大

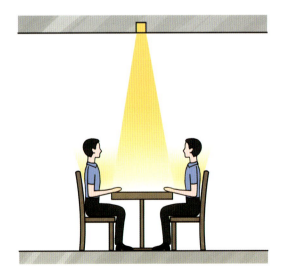

使用窄角光束型嵌灯照射桌面，并借助反射光束照亮人的脸部

使用配光角度广的嵌灯，给人以平价的感觉

餐饮空间中不同的装修材质需要不同的灯光与之呼应。除了透明度、反射率、折射率、发光度外，灯光的色彩还会影响物体的色彩呈现，比如原本红色的墙面，在黄色灯光的照射下，会呈现出橘黄色。另外，有方向性的灯光照射，可以表现出材质的光泽和肌理，在墙面或物体上产生丰富而有趣的光晕和肌理变化。

用灯光进行明暗区隔，可以弱化顾客的空间意识，从而更好地提升餐饮空间的使用率。例如，国内某个知名的连锁餐厅为了能容纳更多的食客，多采用较长的过道来连接空间，灯光主要集中在用餐区，非用餐区域灯光比较幽暗。这样，顾客的用餐空间更完整，就餐时的注意力也更集中，不会被来回穿梭的行人打扰。

△ 把灯光集中在用餐区，与过道形成明暗对比，通过隐形分隔的形式，使顾客的用餐空间更完整

△ 通过灯光更好地表现出材质的光泽和肌理，增加空间装饰的细节美感

办公空间照明设计

一、办公空间的灯光设计重点

办公空间的主要用途是工作，工作的目的就是创造财富。恰当而合理的照明是提高员工办公舒适度和工作效率的关键之一。许多人认为，办公空间的关键照明是最简单的照明设计，通常不会讲究所谓气氛渲染，认为只要能够照亮空间就行了。然而有数据统计显示，超过 70% 的人每天在办公室内工作的时间超过 6 小时，良好的办公照明不仅能够使得办公室更加美观，而且会直接影响员工的工作效率。 充足的照明能让员工感觉更舒适，同时可以降低出错率及缓解用眼疲劳，所以办公空间的灯光设计尤为重要。

△ 开敞式办公区域的照明设计方案

一般的办公室内应保持较高的照度，以利于在此环境中较长时间从事文字性工作的人员的身心健康，同时，增加室内的照度及亮度也会使空间产生开敞明亮的感觉，有助于提高工作效率，提升部门形象。

虽然照度的标准随作业对象和内容的不同而不同，但进行一般作业的办公桌的推荐照度为750lx，对于处理精细作业并且由于太阳光的影响而感到室内有些暗的办公室，桌面的推荐照度为1500lx。在确定照度时，不仅要考虑视力方面，而且要考虑心理的需要程度。通常在读书之类的视觉工作中至少需要500lx的照度，而为了进一步减少眼睛的疲劳，则需要1000~2000lx的照度。

办公空间是进行视觉作业的场所，所以解决眩光问题很重要。首先可以选择具有达到规定要求的保护角的灯具进行照明，也可采用格栅、建筑构件等来对光源进行遮挡。遮挡是有效限制眩光的措施，为灯具配置格栅还有助于防止光源干扰电脑屏幕画面。其次，为了限制眩光，可以适当限定灯具的最低悬挂高度，因为通常灯具安装得越高，产生眩光的可能性就越小。最后，努力减少不合理的亮度分布，可以有效抑制眩光，比如在墙面、顶面等采用较高反射率的饰面材料，在同样照度下，可以有效地提高亮度，避免空间中产生眩光。

很多办公空间会用正白光甚至强白光照明，认为这样可以使办公室更明亮。实际上，从科学的角度来讲，办公室灯光越接近自然光越好。对于色温这个参数，建议选择3000~4000K，过高或过低都不合适。

△ 白光显色较真实，照射的对比较大，接近太阳光、色温偏冷，所以适合作为工作性质的照明使用

△ 办公空间想要防止眩光，应避免眼睛直接或间接接触光源的强光，同时避免使用全镜面反射的格栅灯具

△ 大部分办公桌都采用长方形的设计，所以最适合使用条形灯具，如面板灯、线性灯等，这样的灯光亮度高且不会太刺眼，照射面积大

二、办公空间常用的灯具类型

　　办公空间的灯具造型要随着不同的使用区域而有所变化，灯具的材质也是构成空间美感的重要因素。由于办公空间的光环境设计应具备秩序感和给人以明快的感觉，所以造型简单、实用、颜色单一的照明装置是不错的选择，因为这类照明灯具给人一种明快、整洁、平和、安静的感觉，正好满足了办公空间光环境设计的基本要求。

灯具类型	图示	说明
荧光灯		办公空间中最主要的照明光源，通常以格栅灯的形式安装在办公空间的顶面，以白色为主
筒灯		适用于全吊顶造型的办公空间，相比于白炽灯，其显得更加高端，特别是 LED 筒灯，在节能上达到了理想的效果
射灯		一般应用在一些特定的区域，办公空间的前台背景墙、公司荣誉墙等地方都可以采用射灯，借其聚光的特性突出重点
灯带		灯带在办公空间中主要起到美化的作用，例如，在一些凹凸造型墙的位置可以暗藏灯带，在吊顶造型上可以设计二级灯光槽

三、不同办公区域的灯光设计要求

◆ 前台

　　每个公司的前台都是公司的门面担当，是展示企业形象的区域。所以在进行照明设计时，提供一定的照度外，还要求灯光造型多样化，增加设计感，使照明设计与企业形象一致。

　　前台照明的整体亮度要求很高，可将筒灯作为基础照明，同时用翻转式射灯或轨道射灯对背景形象墙进行重点照明，达到突出企业形象、展示企业实力的效果。

◆ 公共走道

　　办公空间的走道照明一定不要引起由相邻场所往返的人眼睛的不适，一般照度控制在 200lx 左右。荧光灯之类的线状灯具横跨布置可使走道显得明亮，也可以根据室内设计风格设定导向明确的局部灯光，既保障基本照度，又有一定的趣味性。

　　楼梯间灯具的布置应努力减少台阶处的阴影和灯具可能产生的眩光，并应方便灯具的更换与维修。

△ 前台照明

△ 公共走道照明

◆ 开放式办公区

开放式办公区作为目前办公场所中占比重最大的区域，一般不能设置在无自然采光的位置。在照明上应以均匀性、舒适性为设计原则，通常采用统一间距的灯具布置方法，并结合地面功能区域采用相应的灯具照明。

工作台区域通常采用条形灯具如平板灯、面板灯、线性灯等，使工作空间光线均匀，并减少眩光。

◆ 个人办公室

个人办公室通常包括总经理室、经理室、主管办公室等，较之一般办公室，其顶面灯具的亮度不那么重要，能够达到一般照明的要求即可，重要的是通过顶面灯具烘托一定的艺术气氛，房间其余部分由辅助照明来解决，这样就有充分的余地运用装饰照明来处理空间的细节。

个人办公室的工作照明根据办公桌的具体位置而定，有明确的针对性，对于照明质量和灯具造型都有较高的要求。

△ 开放式办公区照明

△ 个人办公室照明

◆ 会议室

会议室的家具布置没有办公室那么复杂，使用功能也较单一，照明的目的无非是激发参会者的想象力，鼓励他们交流和创新。所以会议室的亮度要适当，要让人产生集中的感觉，并在周围加装辅助照明，补足明亮度，间接提升会议效率。通常采用4000K适中色温的LED灯具，打造出柔和又明亮的会议空间，使与会人员精神更加集中。可以采用射灯对墙立面进行洗墙照明，为单调的长时间会议环境提供富于趣味的环境光。

会议室的中心是会议桌，因此要采用重点照明来照射会议桌区域，照度值略高一点，500lx左右，显色性大于等于85，并要设法使桌子表面的镜面反射减到最低限度，同时也要避免眩光。此外，与会者的面部也要有足够的照明，保证与会者相互之间能够看清楚对方的表情，要保证防止靠窗的人显示出轮廓所需要的面部照度。

△ 小型工作室的会议室照明

△ 摆设回字形会议桌的空间照明

△ 大型公司的会议室照明